巨大重機の世界

重機専門模型店 KEN KRAFT 代表　髙石賢一

東京書籍

はじめに

■北米、南米、アフリカ、オーストラリアには広大な規模の鉱山がいくつもある。広大な土地で、いかに効率よく短期間で質の良いものを採るか。重機が巨大化していく理由のひとつである。実際、鉱山ではどのような作業をしているのだろうか。日本の町で見かける重機とどう違うのだろうか。そんな疑問からこの企画を思い立った。■第1章ではカナダの銅採掘鉱山へ入れていただき、現場作業を目の当たりにした。3階建てのビルほどある大きさのショベルが固い岩山を削る。10トン積みダンプ7台分を一回ですくい、240トン積みダンプがそれを積んで運搬する。巨大なショベルやダンプが動く様子は、機械仕掛けの恐竜のようであり、まるで地球を掘り削り運ぶようなスケール感だ。■第2章ではカナダで活躍している、自重750トンクラスの巨大ショベルの製造工場現場に潜入。元々はドイツブランド、代表はDr.の称号を持つドイツ人だ。作っているすべて

のパーツひとつひとつが巨大で、特にバケットの大きさに驚いたが、それらが鉄板を組み合わせて出来ていることがさらに驚きだった。工業国ドイツの一端を垣間見ていただけたらうれしい。■第3章ではドイツの工業発展に貢献し引退後、オープンミュージアムに保存されている5基の巨大な切削機を紹介する。そのユニークな形には、誰もが目を奪われワクワクと心躍る。ドイツ人の合理性の現れか、はたまた天才肌のなせる技なのか。ドイツ人の工業と物作りに対する並々ならぬ思いとノスタルジーを味わえる。これら巨大重機の空気感が、写真と動画を通じて読者の皆さんに伝わればと願う。

重機専門模型店 KEN KRAFT 代表 髙石賢一

CONTENTS

AReader（拡張現実）の楽しみ方とダウンロード方法　　005

COPPER MOUNTAIN MINING　巻頭グラビア　　006
[カッパーマウンテンマイニング]

CHAPTER.1
COPPER MOUNTAIN MINING　　027
[カッパーマウンテンマイニング]
鉱山で24時間働く巨大重機

Column.1　COPPER MOUNTAIN MININGの撮影ウラ話　　062

CHAPTER.2
KOMATSU MINING GERMANY GmbH　　063
[コマツマイニングジャーマニーGmbH]
超大型ショベルの製造工場

Column.2　KOMATSU MINING GERMANY GmbHの撮影ウラ話　　090

CHAPTER.3
FERROPOLIS　　091
[フェロポリス]
モンスター掘削機が眠る聖地

Column.3　FERROPOLISの撮影ウラ話　　108

巨大重機SPOT GUIDE　　110
　TEREX TITAN [テレックスタイタン]
　Kennecott Utah Copper's Bingham Canyon Mine
　[ケネコット ユタ カッパーズ ビンハムキャニオンマイン]
　BIG MUSKIE'S BUCKET [ビッグ マスキー バケット]

髙石賢一×石井哲　撮影後記的な対談　　111

AReader（拡張現実）の楽しみ方とダウンロード方法

本書ではARマーカーが載っている42,46,61ページで、迫力満点の巨大重機が働く様子や音を動画で楽しむことができます。

① アプリケーション「AReader」をダウンロードする
「App Store」や「Google Play ストア」から、「AReader」を検索し、ダウンロードします。（無料）

② アプリケーションを起動する
ダウンロードが完了したら、アイコン  をタップしてアプリケーションを起動します。

③ ARマーカーを読み込む
ARマーカーをカメラで写すとそのマーカーに応じたさまざまな動画をご覧になることができます。画面の指示に従い、動画をお楽しみください。

⚠ 「マーカーが認識しないときは？」
- マーカーの全てが映っていますか？
- マーカーの一部が隠れていたり、ゆがんでいたりしませんか？
- マーカーは平らな場所に置かれていますか？
- マーカーが置かれている場所は十分な明るさがありますか？

◎ 本アプリケーションの利用にはインターネットに接続できる環境が必要です。
◎ 電波の状態によりダウンロードに時間がかかったり、動画が見られない場合があります。
◎ 対応端末は、Android 端末（Android2.3 以降、但しAndroid3.× シリーズを除く）、
　iOS 端末〈iPhone（3GS/4/4S/5）、iPod touch（4th/5th generation）、
　iPad（2/新しいiPad/iPad mini）〉です。（2014 年1月時点）
　また、カメラが内蔵していない端末ではご利用いただけません。
◎ 一部のAndroid 端末では本アプリケーションが正常に起動しないことがあります。
◎ 一部のAndroid 端末では、コンテンツの一部が正常に起動しないことがあります。

「App Store」ならびに「iPod touch」は、米国および他の国々で登録された Apple Inc. の商標です。
「Android」、「Google Play」は Google Inc. の商標または 登録商標です。

広大なマイニングサイト全景。直径約1キロ。隆起した断層をすり鉢状に採掘していく露天掘り現場だ

■階段状に深く掘り進むごとに断層の色が変わっているのがわかる

■Full Load!! 238トン満載のダンプ。2,500馬力のエンジンがうなりを上げて坂を上る。車とのサイズ差に注目

■ 太い腕でガシガシと岩を削り取っていく。まさに岩との戦い。日本ではなかなか見られない現場だ

■パワー全開!! 土ぼこりを上げて坂を登る244トン積みダンプ。エンジンの熱気が間近に迫ってくる

■ユークリッドR260ダンプ。重さ238トンの砕石を満載し、車体とタイヤを軋ませ、砂ぼこりを巻き起こしながら走るダンプたち

■コマツWA1200。バケット先端に付けられたトゥースと呼ぶ交換式の刃先は、岩との摩擦で丸くなっている

CHAPTER.1 | COPPER MOUNTAIN MINING

［カッパーマウンテンマイニング］
鉱山で24時間働く巨大重機

COPPER MOUNTAIN MINING

カッパーマウンテンマイニング

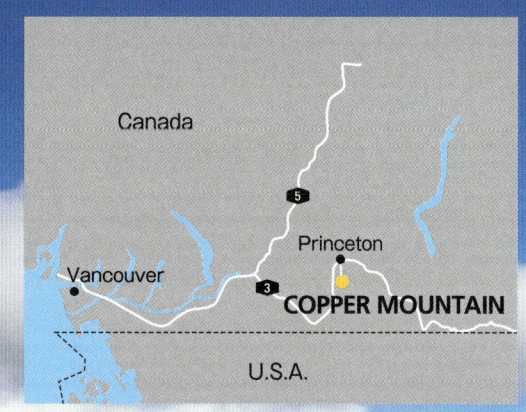

カナダ西海岸の都市バンクーバーから車で東に約300キロ走ると、プリンストンという小さな町がある。その近郊に位置する、銅の採掘をメインとした露天掘り鉱山がここ。銅のほかには金、銀も産出する。

どれくらいの規模？ 何が採れる鉱山？

鉱山全体の広さは18,000エーカー。エーカーだとピンと来ないので平米と坪数に換算すると、約72,840,000㎡＝約2,200万坪。もっとわかりやすく東京ドームに換算すると1,558個分、東京ディズニーランドだと約143個分に相当する。あまりに大きすぎて日本人にはイメージしにくい広さだ。休止していた採掘を2011年に再開。鉱山の寿命は17年と算出されている。従業員数は390人。夜勤シフトがあり24時間操業だ。
大きな岩盤を数々の工程を重ねて少しずつ細かく製錬し完成するのが、「銅精鉱」という製品。銅製錬に用いられる原料として日本へ出荷される。年間の産出量は、銅が15億ポンド（約68万トン）、銀が約4,500,000オンス（約128トン）、金が約450,000オンス（約12.8トン）となっている。

どんな巨大重機が働いている？

この鉱山で使用されている巨大重機は、コマツPC8000電気式ローディングショベル（750トンクラス）が2台。日立EX5500ローディングショベル（500トンクラス）が1台。コマツ830Eダンプ（244トン積み）が13台。ユークリッドR260（238トン積み）ダンプが5台。コマツWA1200ホイールローダ1台。アトラスコプコ ブラストホール ドリルリグが5台。他に補助としてブルドーザ、モーターグレーダ、ホイールローダ、ホイールドーザ等が日本ではありえない壮大な現場で活躍している。機械の日常的な保守点検から修理、エンジンの載せ替え、バケットや荷台の補修といった重整備まで出来るメカニックが揃っている。

■「浮遊選鉱」と呼ばれるアルカリを用いた銅の最終的な製錬が、この建屋の中で行われている

■中に入ると、岩盤をさらに細かくして製錬していく装置が並んでいる。人と比較すると、その巨大さが際立つ

■最終製品置き場。完成品は「銅精鉱」として日本へ輸出されている

■製錬所のコントロールルーム。モニターには各部の情報が映っている

■鉱山の地図。採掘ピットはP1,P2,P3の3カ所だ

■重機にとって鉱山は過酷な現場。鉱物を豊富に含む岩盤を火薬で砕いても、写真では小石に見える石ひとつが、実は人の頭や体より大きいのだ。それを崩していくのは戦いといってもいい。24時間操業の現場で働くためには、頑丈なのはいうまでもなく、スムーズな動きで作業効率が高く、故障が少なく、安全性に優れていなければならない。写真のPC8000は、KMG以前のデマグ時代からの大型機製造のノウハウをすべて盛り込み、コマツの最新テクノロジーを搭載した超大型パワーショベル。ドイツと日本の物づくり哲学がコラボした機種といえよう

■階段状に採掘され縦に走る岩脈があらわになっている広大な鉱山。超大型重機が何台も連なって走る様子は、実際とは違いまるでミニチュアのようだ

■岩盤に爆薬を仕掛ける作業中。爆薬は何十カ所も仕掛け、広範囲を一回で崩す

■メンテナンス中のユークリッド社R260、238トン積みダンプトラック

地球を掘るようなスケール感

銅は電気伝導率が高いことから、さまざまな電気製品に使用されている。日本では見られない広大な土地を、何年もかけて地質調査をしてから巨大重機で採掘していく。上から削り取っていくため、コロシアムのような階段状、またはアリジゴクの巣のようなすり鉢状になっていくのが特徴。また、炭坑のように穴を掘らないので安全性が高い。

日本とは異なる壮大な現場で、まるで地球を掘るかのような大量の採掘を短時間で行うには、環境にふさわしい超大型の重機を導入しないと、永遠に仕事が終わらない。油圧で動く超大型ショベルは800トンクラスまでであったが、最近ではCAT6090のように、さらに大きい1,000トンクラスも登場している。

地中深くで爆薬を爆破させる重機

鉱山では、固い岩盤を爆薬で砕いて砕石しやすくする必要がある。地中深く爆薬を爆破させて効率アップを狙うために登場するのが、「ブラストホール ドリル リグ」と呼ばれる機械。やぐらを立て、その中に刃物が先端に付いた長さ10mほどのロッド棒をセット。回転させながら直径20cmくらいの穴を開けていく。ロッド棒を何本か連結すれば深さ30m以上も掘ることができる。穴を開けた跡は、モグラが作った小山のような形だ。かなり広い面積に何十個もの穴を開け爆薬をセットする。カッパーマウンテンでは2日に1回、爆破作業がある。遠くから見学した際、手元のトランシーバーから秒読みが聞こえ、一瞬の間があってから「ドーン！」という音ともに仕掛けられた一帯が崩れ、砂煙が上がった。遠目には小さく見えていた爆破個所だったが、点検のトラックが近づいて行くのが見えた途端、広大な範囲ということがわかった。

■鉱山内を移動中のコマツ830Eダンプトラック。最大積載量約244トン。この広大な環境で働くにふさわしいサイズだ

■途中の捨て場でダンプアップするコマツ830E。コマツD375Aブルドーザは散らばった岩石を掃除する役割を担当

KOMATSU PC8000
LOADING SHOVEL
コマツ PC8000 ローディングショベル

■ 運転席の高さは3階建ての建物とほぼ同じだ。巨大なバケット、力強いデザインの太いアームとブームから仕事ができそうなオーラが放たれている

■ さまざまな形の補強が追加されている使い込まれたバケット

■ クローラ、クローラフレームの汚れと傷跡は現場の過酷さを物語っている

KOMATSU PC8000 LOADING SHOVEL
コマツ PC8000 ローディング ショベル

北米、カナダ、南米、オーストラリア等の鉱山で活躍する、コマツ最大の超大型油圧ショベル。2004年から製造を始め、記念すべき100台目は南米コロンビア Drummondへ納車された。ここカッパーマウンテンには、2台のフロントショベルが働いている。両機とも電気式で近くの発電所から電気を貰いモータを駆動し、油圧ポンプを動かしている。質量約750トン、大きさは簡単にいうと3階建てのビルくらいで、操縦するオペレータの目線は地上約9mのところ。クローラの高さは人の背よりも高く、約3m。その幅は1.5m。バケットはとてつもなく大きく、一回に10トンダンプで約7台分、約42㎥もの土砂をすくって作業できる。エンジン音はしないが、何基もの大型電動ファンがうなりをあげているため、かなりの騒音だ。

快適な鉱山用ショベルの運転席

24時間操業の鉱山では、オペレータは3交代、8時間勤務が標準的シフトとなっている。ショベルが働く採掘現場は事務所から遥か遠く、現場は移動していく。途中休憩はあるものの、長い時間オペレータキャブの中で仕事をしなければならない。海外の会社は働く環境に意識が高く、「ショベルの中でも、もっと快適に」という配慮が必要とされる。PC8000のキャブは18個の弾力性のあるパッドの上にマウントされ遮音性が高く、外気温の関係なく室内温度を保てる設計がなされている。座席はエアサスペンション式でシートヒーターが備わり、ジョイスティックは軽い操作でコントロールできる。AM/FM、CDプレイヤー、MP3プレイヤー、冷蔵庫、キャビネットを装備。さらには熱線付き電動ミラー、各窓にはメタル製日よけブラインドまで付いており、乗用車並みの快適性を確保している。

■現場でメンテナンス中のコマツPC8000。トラックが小さく感じる

■SMS EquipmentのJ McCleery氏（左）とKMGの山下氏（右）

■人との対比でPC8000の大きさがわかるだろうか。フレームの下から伸びているのは電源コードで7200V交流電源が流れている

■ 地面は9mも下。フロントウインドウは足下まであり広い視界を確保している。左のウインドウには日よけサンバイザーが装備されている

■岩との壮絶な格闘を物語るバケット。かなり丸くすり減った爪先を触ろうとすると、触れないくらいの熱さで驚いた

■使い込まれたバケット。新品時（P87下）と比べてみてほしい

040 | CHAPTER.1 **COPPER MOUNTAIN MINING** | 鉱山で24時間働く巨大重機

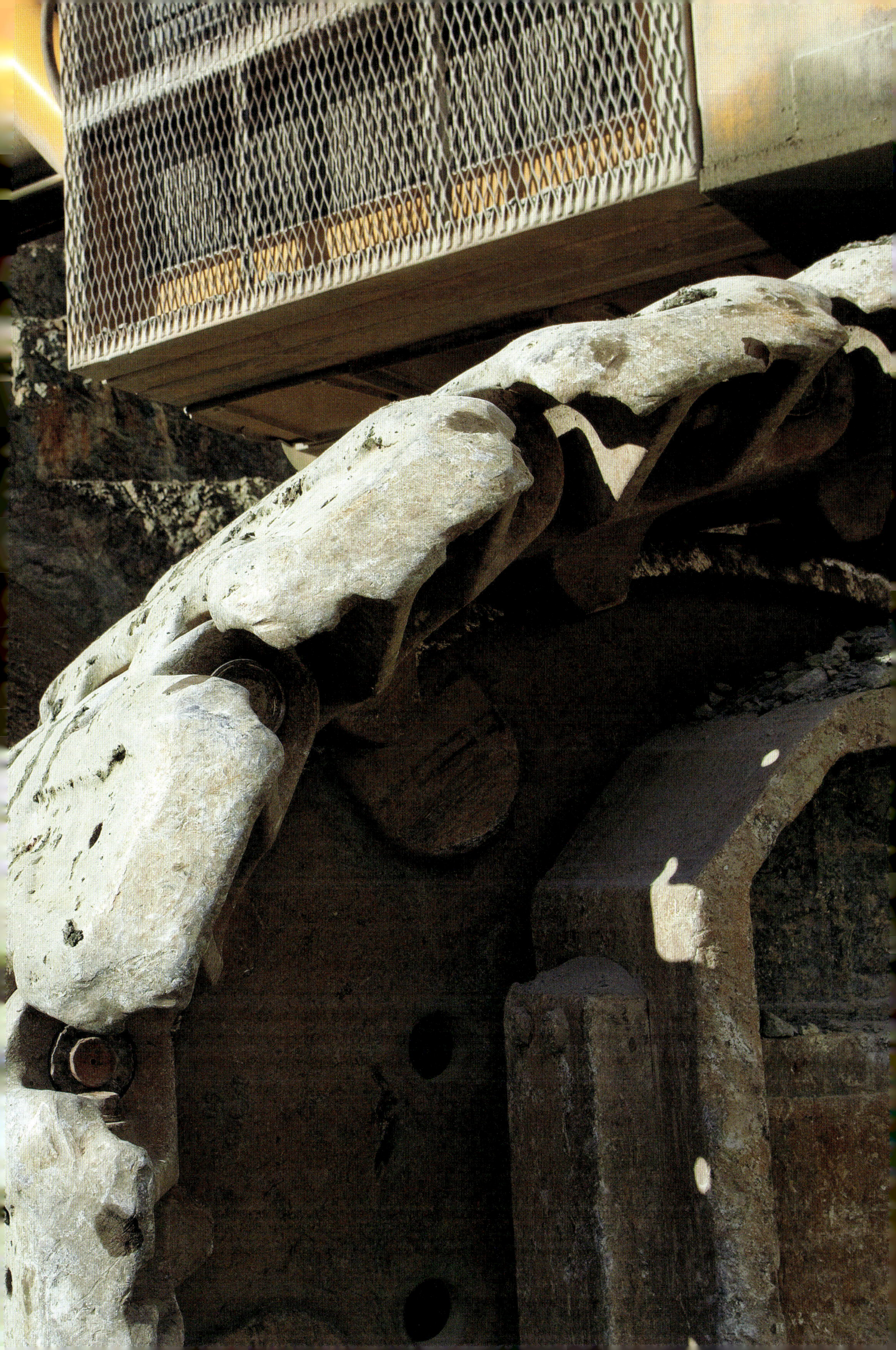

かざしてみよう
超巨大ショベルの
積み込み作業

042 | CHAPTER.1 **COPPER MOUNTAIN MINING** | 鉱山で24時間働く巨大重機

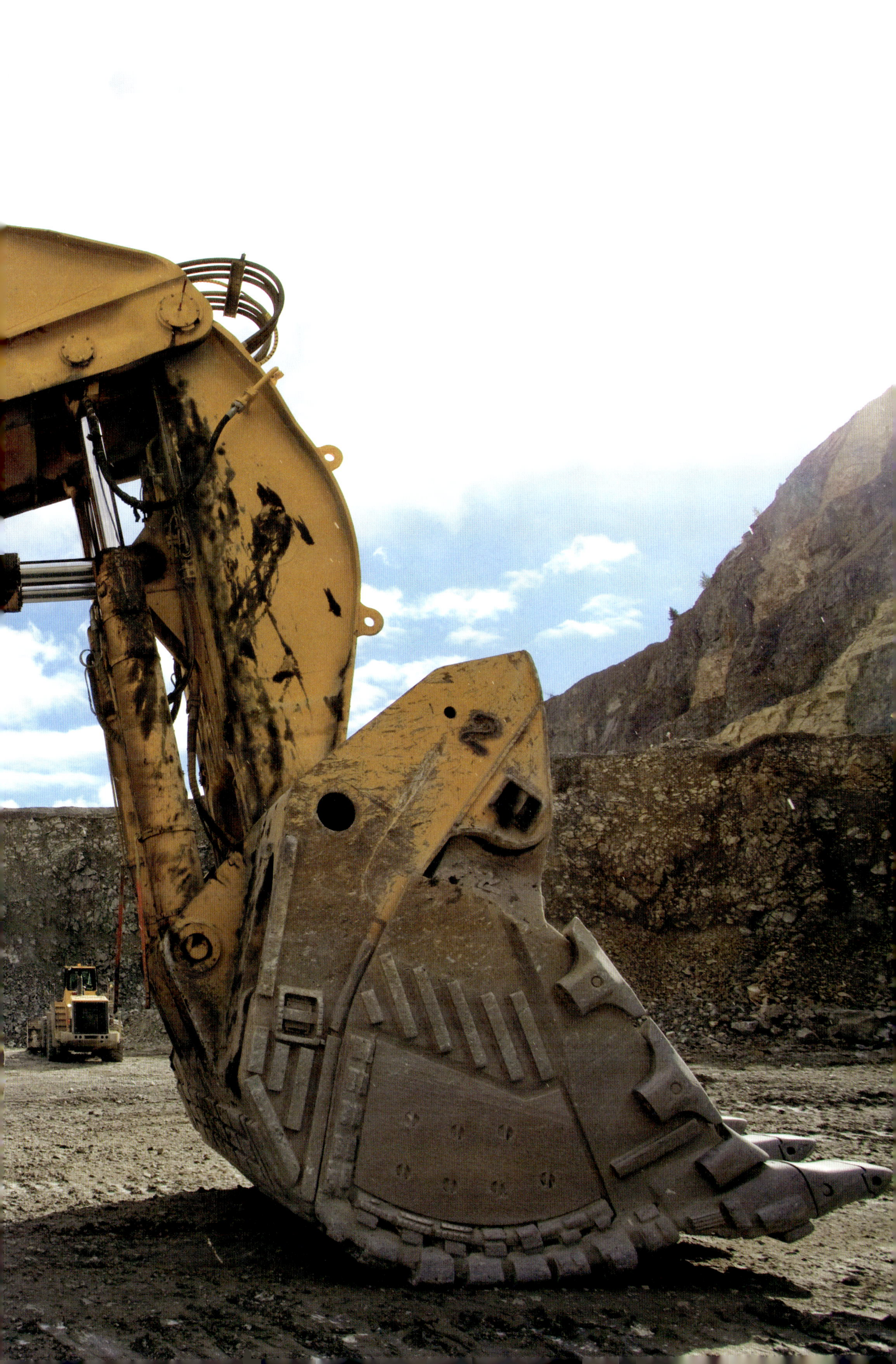

KOMATSU 830E
DUMP TRUCK
コマツ 830E ダンプトラック

■ コマツ830E。荷台下側からリヤタイヤへ向かって垂れ下がっている太い鎖はタイヤに岩等を挟み込まないようにするためだ

■ 大柄なカメラマン石井哲氏とコマツ830E。タイヤ直径は彼の2倍ほどもある

■ 休憩中のユークリッドダンプ運転手。建物の2階から見下ろす感じの高さだ

KOMATSU 830E DUMP TRUCK
コマツ 830E ダンプトラック

最大積載量244U.S.トン。V16 2,500馬力のエンジンを搭載。発電した電気でリヤホイールの電動モータを回し走行する。エンジンから機械的に力を伝達するプロペラシャフト、デファレンシャルギア等の駆動装置を持たないため、機械的トラブルやメンテナンスの必要が少ない利点がある。車幅7.32m、全長14.4m、全高6.88m。車体質量約385トン。最高速度は空荷で時速、約64キロ。タイヤサイズは40.00R57、タイヤ直径約3.8mにもなり、旋回半径約28.4m。燃料タンク容量4,542L、冷却水568L、油圧オイル946Lと普通乗用車と比べようもなく大きい。「ダンプアップするホイスト」と呼ばれるシリンダーは三段階で伸びる構造になっており、満載時には約21秒で荷台を上げる力がある。

MINING DUMP TRUCK | 鉱山用ダンプトラック

鉱山で働く重機は、現場の規模や採掘する鉱物によって、使用するサイズやスペックが異なってくる。ショベルとのマッチングも重要で、何回の積み込みで満載になるか、分単位で効率が求められるのだ。カッパーマウテンの場合、コマツPC8000を使用しているが、240トンクラスのダンプを3回で一杯にしている。このあたりのマッチングが一番効率的のようだ。

ダンプのフロントフェンダーには緑、黄、赤の積載インジケーターランプが付いており、赤が点灯したら過積載を意味するので、ショベルのオペレータはそれを確認し積載オーバーにならないように気を配る。一見幅広く見える鉱山内の道路だが、車幅7mを超えるダンプにとってはけっして広くはない。また、片側は切り立った崖となっているため、一歩間違えば重い巨体は転落するかもしれない危険をはらんでいるのだ。

■満載で坂を上るダンプ。荷台の高さは電柱が低く見えてしまうくらい高い

■タイヤの接地面は、このように潰れてしまうほどの重みが掛かっている

■ダンプ洗車場。メンテナンス前に洗車をするとのこと。コマツ830Eの荷台内側の凹凸は補強と滑り止めを兼ねている

■コマツ830Eダンプとコマツ WA600 ホィールドーザ。ホィールドーザはダンプの走行路に散らばった石の掃除を定期的にしている

かざしてみよう
パワフルに坂を上る
巨大ダンプ

■ユークリッドR260ダンプ。リヤタイヤの前にいる作業員が小さく見える

■排気ガスで荷台の下側中央部分が黒く汚れている。R260の場合、排気ガスは前方から荷台の下側を通って後ろに出すようになっている

■コマツWA1200ホイールローダは、コマツが誇る世界最大級のホイールローダだ。バケットはかなり使い込まれている

■フロントタイヤには滑り止め用のチェーンが装着されている。このチェーンだけでもかなりの重量になる

048 | CHAPTER.1 **COPPER MOUNTAIN MINING** | 鉱山で24時間働く巨大重機

■ヤードで整備中のコマツHD785ダンプとWA1200ホィールローダ

■砕石場。岩石をさらに細かくするクラッシャーに岩石を入れるコマツWA600ホィールローダ

■コマツD375ドーザ。ブレードやサイドのアームに追加された補強が、現場の過酷さを物語っている。地面向こう側は崖になっている

■CAT992ホィールローダ。バケットの代わりにケーブルドラムを装備した鉱山仕様だ。ケーブル敷設に活躍する

■アメリカを代表する大型トラック、ケンワーストラクターとフラットベッドトレーラ。積み降ろし用の小型クレーンを装備し、鉄板等鋼材を運搬する

■フルトレーラと呼ばれる長いトレーラ。最終製品となった「銅精鉱」を運搬する

■ 岩盤を爆破する爆薬を仕掛けるために深い穴を掘る機械、アトラスコプコ製ブラストホール ドリル リグ。左の車やトラックの何倍もある

■ インターナショナル 4900 DT466をベースにした高所作業車

■5台のダンプ、ホィールローダが収納可能な屋根付き整備場

■V16エンジンの載せ替え作業中。整備場の天井はダンプの荷台を上げることができるようにかなり高い

054 | CHAPTER.1 **COPPER MOUNTAIN MINING** | 鉱山で24時間働く巨大重機

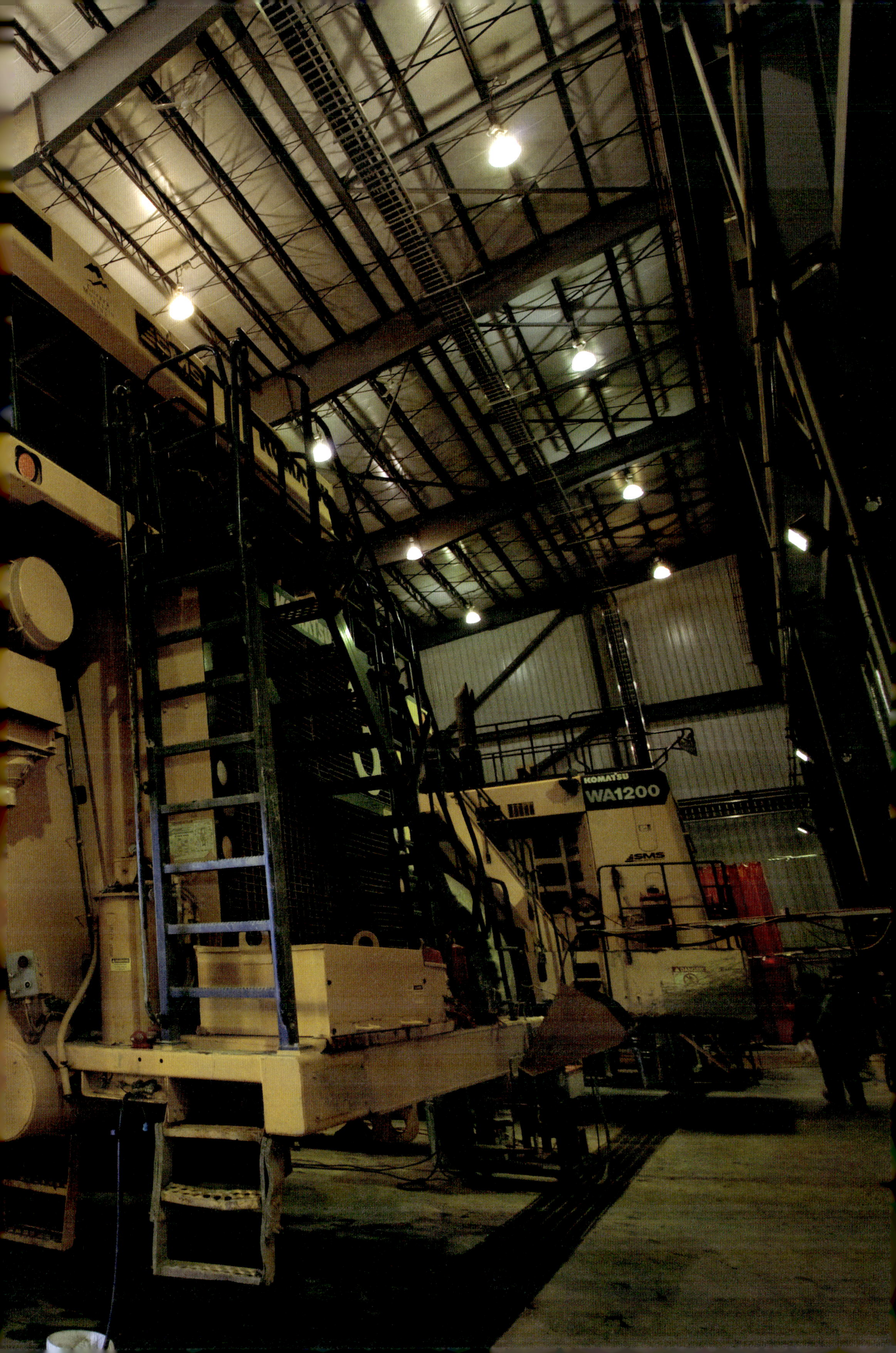
KOMATSU
WA1200
SMS

■コマツ830Eダンプのリヤ周り。人間の胴体よりも太い2本の筒はサスペンション装置

■コマツWA1200ホイールローダを整備中。タイヤの直径は人の約2倍だ

056 | CHAPTER.1 **COPPER MOUNTAIN MINING** | 鉱山で24時間働く巨大重機

■ユークリッドR260。エンジンを降ろしたフロントフレーム部分を車体内側から見た図

■デトロイト ディーゼル S-4000エンジン。V型16気筒、2,500馬力を誇る。後側の壁のようなものはエンジン冷却用のラジエターだ。

058 | CHAPTER1 **COPPER MOUNTAIN MINING** | 鉱山で24時間働く巨大重機

■夜の鉱山。満天の星の下、ほぼ休み無く続く採掘と積み込みの夜間作業をするコマツPC8000。現場の灯は車体に装備されたライトのみ。実際はライトが照らしているところ以外は真っ暗だ。その暗闇の中、3階建てほどもある巨大な機械が動く様は、さながら機械仕掛けの恐竜といった印象。電動ファンの騒音はうなり声のようだ

■洞窟のように見えるが、重機の向こう側はそそり立った岩の壁である。恐竜の目が光っているようなライト

■アトラス ピットヴァイパー271。ブラスト-ホールドリルリグと呼ばれる、火薬を仕掛ける穴を掘る機械。長さ7.62mのロッドを連結して岩盤を深く掘っていく。垂直に立っているマストの高さは16.8m。直径約16cm～30cmの穴を最大で深さ約32mまで掘ることができる

■切削場所を移動する際には自分で電源ケーブルを踏まないようにバケットのツメにうまく引っ掛け移動させる。

かざしてみよう
夜も眠らず働く
超巨大ショベル

Column.1

COPPER MOUNTAIN MINING の撮影ウラ話

　バンクーバーからレンタカーで地平線と遠くにカナディアンロッキーを見ながら走ること約4時間。麓の町、プリンストンに到着。腹ごしらえにレストランに入ると、店のオーナーに「君たちは鉱山に働きに来たんだな」と言われ、ここは鉱山の町なのだと実感。そして、町から20キロほど山へ走ると大きなバケットが目印の入り口がある。ゲートで訪問の目的を伝えサインをする。初めての鉱山取材。鉱山内をレンタカーで走らせてもらったが、距離感、サイズ感が一般道とはまったく違っていた。道幅は約20m以上。車幅7.5mの超大型ダンプがすれ違える広さを確保している。カッパーマウンテンのJay-D氏が鉱山内を乗り回すのはGMCのフルサイズピックアップトラック。全長6m、全幅2m、日本の4トントラックとほぼ同じ大きさだ。運転席の高いダンプから視認できるように高さ4mほどのアンテナを立て赤い旗を付けている。我々のレンタカーには黄色の回転灯を屋根に装着した。

　鉱山内は基本、未舗装なのだがグレーダで掃除しているおかげか落ち石もなく安全に走行できる。レンタカーの運転席から見た超大型ダンプは思いのほか大きい、いやデカイと言った方がピッタリだ。すれ違いは緊張する場面だが、さらに緊張したのがダンプの行き交う交差点。こちら側が一旦停止なのだが、この時ばかりはウインドウを開けダンプのエンジン音が近づいてこないかどうか確かめた。ダンプの死角に入り巨体につぶされてしまうという事故が実際に起こりうるとのこと。

　そして夜間作業の取材。9月末だというのに、夜はぐっと冷え込みダウンジャケットがいるほど。夜の鉱山は本当に真っ暗。自分の車のライトだけが頼りだ。採掘現場に投光器らしきものがないのが信じがたい。前方を照らしてくれるライトのありがたみをあらためて再認識。ショベルに装備されたライトのみで作業していたが、かなり明るく現場を照らしていた。ショベルが待つところへダンプがぴたっと上手くバックして止まる。少しでもずれてしまうと、ダンプの荷台とバケットの位置が合わず、接触事故を起こすかもしれない。簡単そうに見えて、実は熟練のワザなのだろう。

　危険を伴うためか鉱山の取材はなかなか許可していただけないのだが、今回はKMGの方の尽力で取材と貴重な体験をさせていただくことができた。誌面を借りて心より感謝いたします。

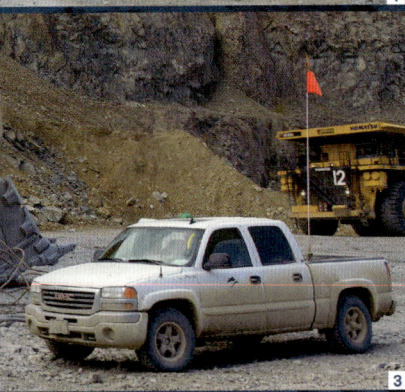

1 入り口でレンタカー"Dodge"とバケット記念撮影　**2** ロゴマークもキチッとデザインされていてカッコイイのだ　**3** 鉱山内を走るトラックには、赤い旗を立て目印にしている　**4** 整備場内に設置されている緊急用の眼洗浄機　**5** さまざまな道具を積載したコマツのサービストラック　**6** PC8000と960E、1:50スケールのミニチュアモデル

カッパーマウンテンで拾ってきた岩石

062 | CHAPTER.1 **COPPER MOUNTAIN MINING** | 鉱山で24時間働く巨大重機

CHAPTER 2 | KOMATSU MINING GERMANY GmbH

[コマツ マイニング ジャーマニー GmbH]
超大型ショベルの製造工場

KOMATSU MINING GERMANY GmbH

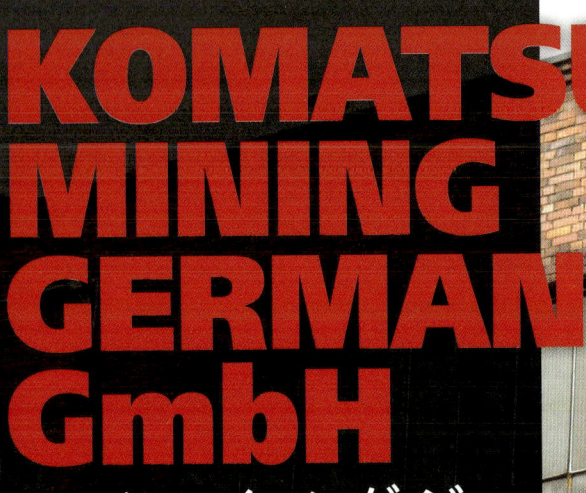

コマツ マイニング ジャーマニー GmbH

ドイツ、デュッセルドルフにある超大型のショベル専門の製造工場。1907年、Carlshutte/カールスヒュッテ社が電気式ショベルを製造したのが始まりである。

代々、大型ショベルを開発してきた老舗

1925年にCarlshutte/カールスヒュッテ社から、Demag/デマグ社になり、以来大型ショベルを次々に開発してきたドイツ屈指の機械製造メーカーこと、コマツ マイニング ジャーマニー GmbH。長年積み重ねられてきたノウハウを生かして、現在はコマツの工場として稼動している。社長は工学博士の称号をお持ちのNorbert H.H.Walther/ノルベルト ヴァルター氏。会社の資質の高さが伺われる。この工場を知ったきっかけは、数年前お隣のGOTTWALDを訪問した際、レンガ作りの高い建物が目に入り、正面ゲートを通過する際にKOMATSUのロゴを発見したことだった。

巨大重機のパーツを生み出すファクトリー

敷地面積110,000㎡、工場建屋面積37,500㎡。工場建屋だけでも東京ドーム約3個分。レンガを高く積み上げた歴史を感じる建物には、従業員800人が働いている。この工場では超大型ショベルのPC3000(自重252トン、バケット容量15-16㎥)、PC4000(自重391トン、バケット容量22㎥)、PC5500(自重534トン、バケット容量29㎥)、PC8000(自重752トン、バケット容量42㎥)の4機種を製造している。熟練工の手で溶接されたバケットは、まるで芸術品だ。最新の工作機械を駆使し、高度なテクノロジーから生まれたショベルは世界の鉱山で活躍している。

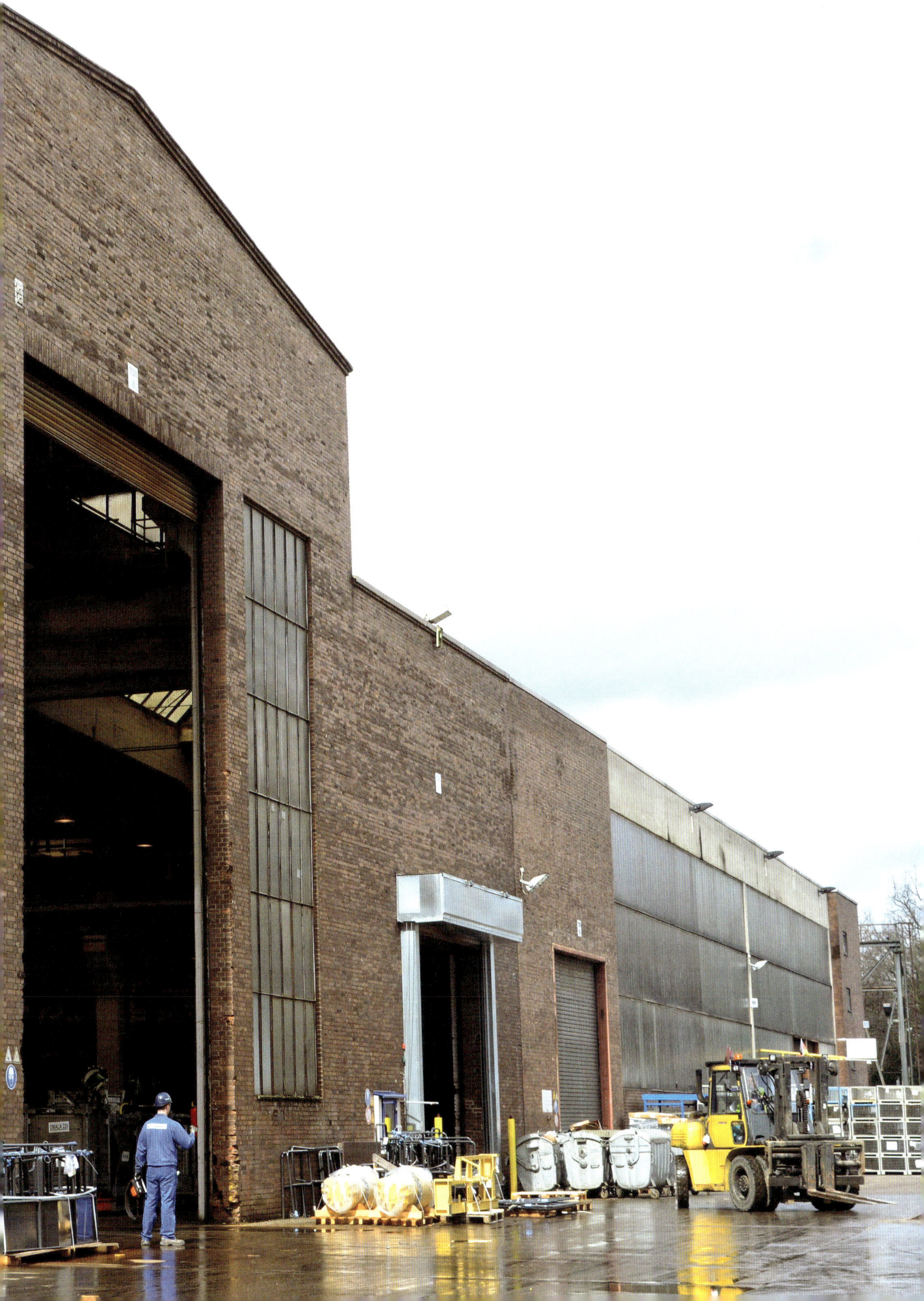

KOMATSU MINING GERMANY GmbH
コマツ マイニング ジャーマニー
巨大建機組立て工場

History｜歴史

1907	Carlshutte社がヨーロッパ初の電気ショベルを開発
1925	DEMAG(Deutsche Maschinenfabrik AG)社がCarlshutte社を引き継ぐ
1930	革新的な構造を持つクローラ式のショベルを開発
1931	バケット容量0.5㎥～2.7㎥のE20型クローラ式ショベルを発表
1935	両手のみで操作できるシンプルな構造のKシリーズを開発
1937	デマグ社はデュッセルドルフにショベルの新工場建設を決定
1939	デュッセルドルフの新工場が完成
1949	ロープ式ショベルB300,B400シリーズを発表
	エアアシストレバー導入で運転手の疲労軽減をはかった
1954	世界初の油圧式ショベル、B504を発表
1969	DEMAG Baumaschinen GmbHに社名を改称
1972	ヨーロッパ初の100トンクラス鉱山用ショベルH101を発表
1978	270トンクラスの油圧式ショベルH241を発表
1979	Mannesmann DEMAG Baumaschinen GmbHに改名
1986	世界最大500トンクラス、H485をスコットランドの鉱山会社へ納車
1996	コマツとのジョイントベンチャー設立。DEMAG Komtsu GmbHとして再スタート
1999	コマツの完全子会社Komatsu Mining Germany GmbHとして再スタート
2000	PCシリーズ初の400トンクラス、PC4000をBAUMA2001に発表
2004	750トンクラス、PC8000-6を発表
2007	創業100周年
2008	Tier II EPA エンジンを搭載したPC5500をラスベガスで開催されたMinExpo展示
2011	全車にオプションでTier IIエンジンを搭載可能
	KomtraxPlus Maschine Health Monitors Systemを搭載
2013	100台目のPC8000をコロンビアの石炭鉱山へ納車

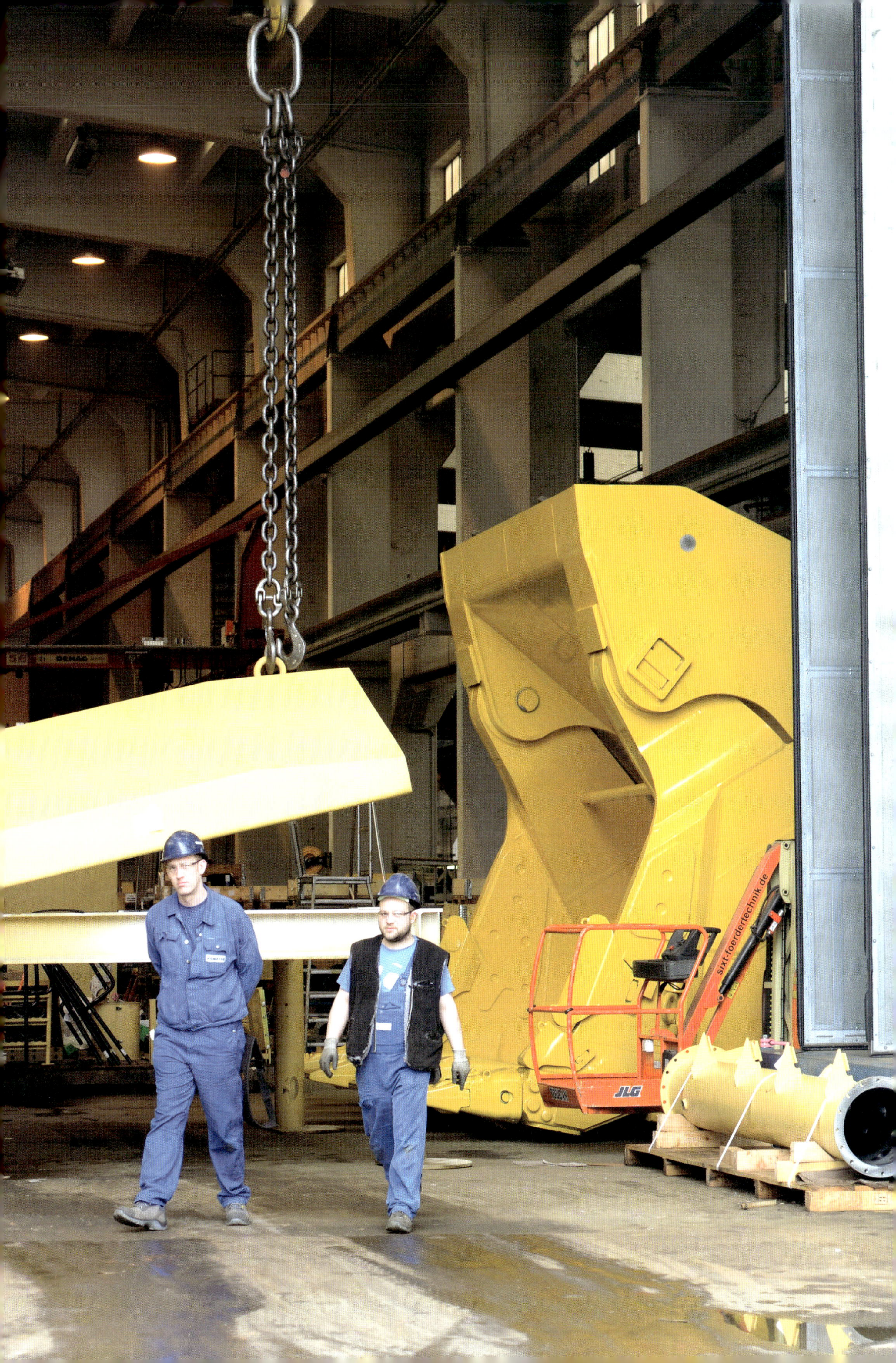
DEMAG
sixt-foerdertechnik.de
JLG

068 | CHAPTER.2 **KOMATSU MINING GERMANY GmbH** | 超大型ショベルの製造工場

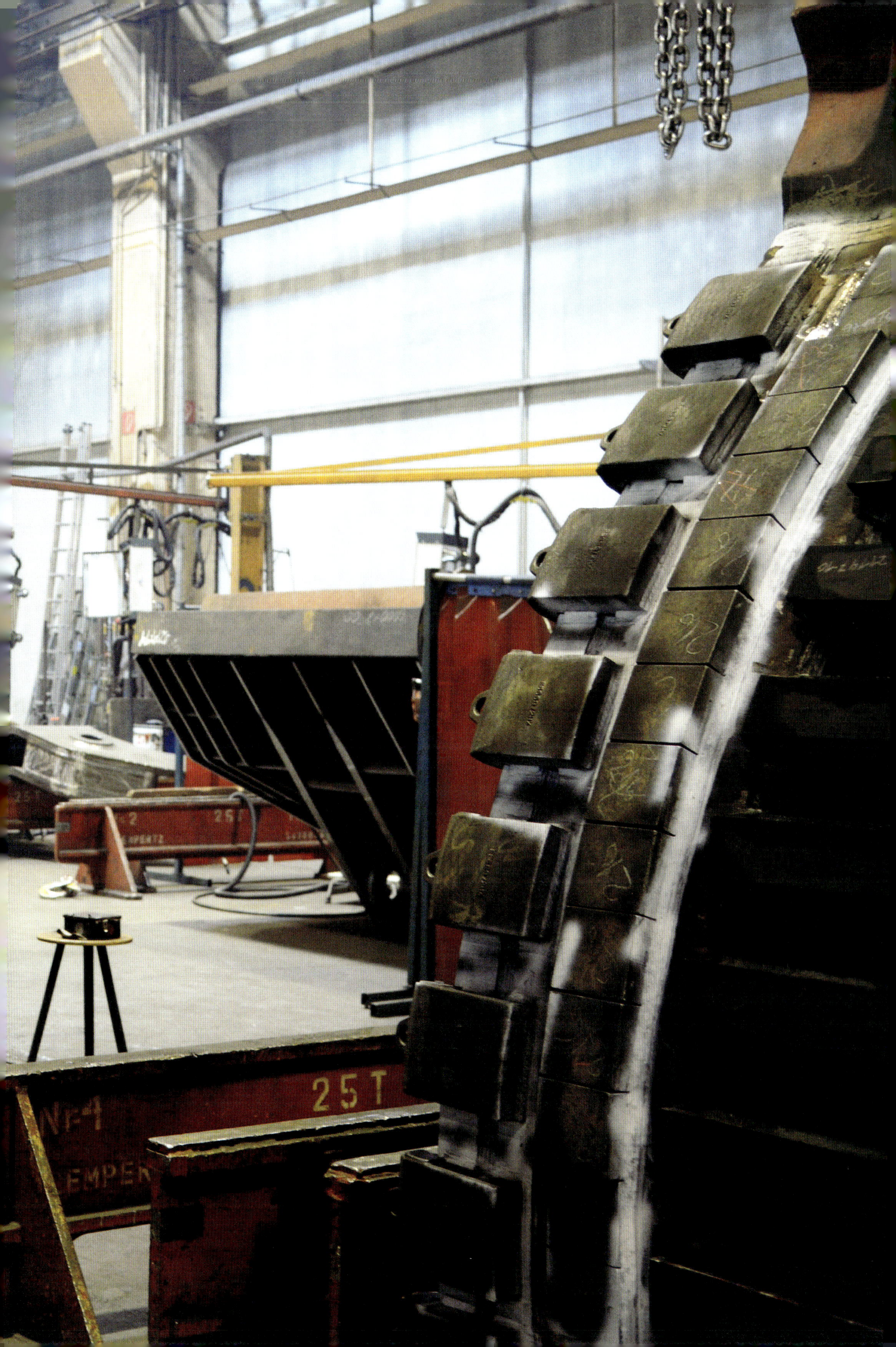
25T

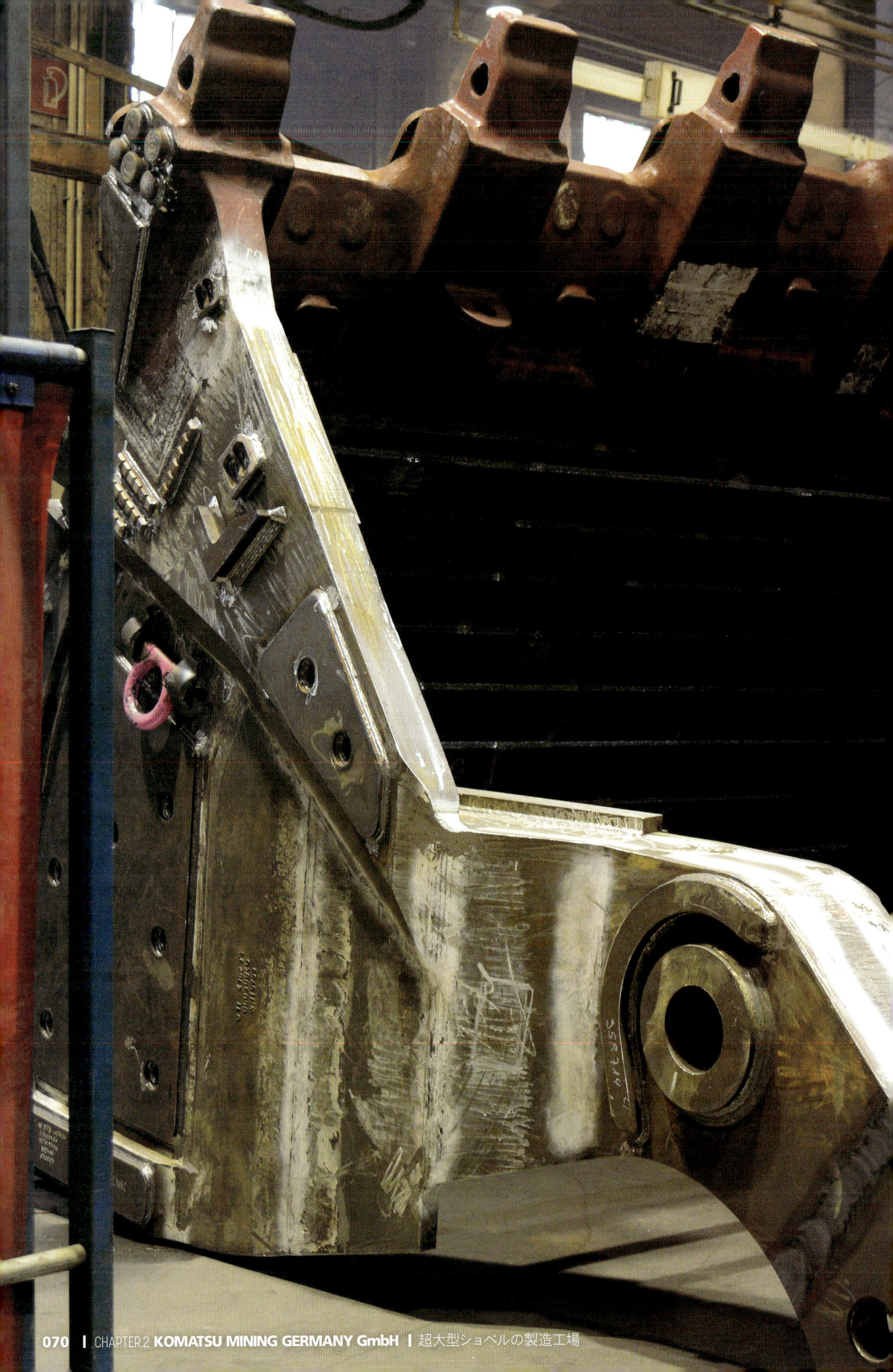

■巨大なPC8000用のフロントバケットの内側部分。意外にも細かくたくさんのリブが付けられ複雑な形状となっている

■ 鉄板から図面通りに切り出されたパーツ群。これらが溶接されて立体的な構造物になる

■ 分厚い鉄板から切り出したパーツ。大きいパーツだが精度が求められる

072 | CHAPTER.2 **KOMATSU MINING GERMANY GmbH** | 超大型ショベルの製造工場

■車体の下部フレーム。分厚い鉄板を組み合わせ非常にガッシリとした構造だ。大きくても精度が必要で、少々のゆがみさえあってはならない

■かなりの厚みがある鉄板をガスで正確に切り出していく作業

■直径2m以上もある巨大アイドラー。見るからに屈強そうだ

■仕上げ前のシリンダー。溶接の跡がわかる。後ろには大きい車輪がストックされている

CHAPTER.2 **KOMATSU MINING GERMANY GmbH** | 超大型ショベルの製造工場

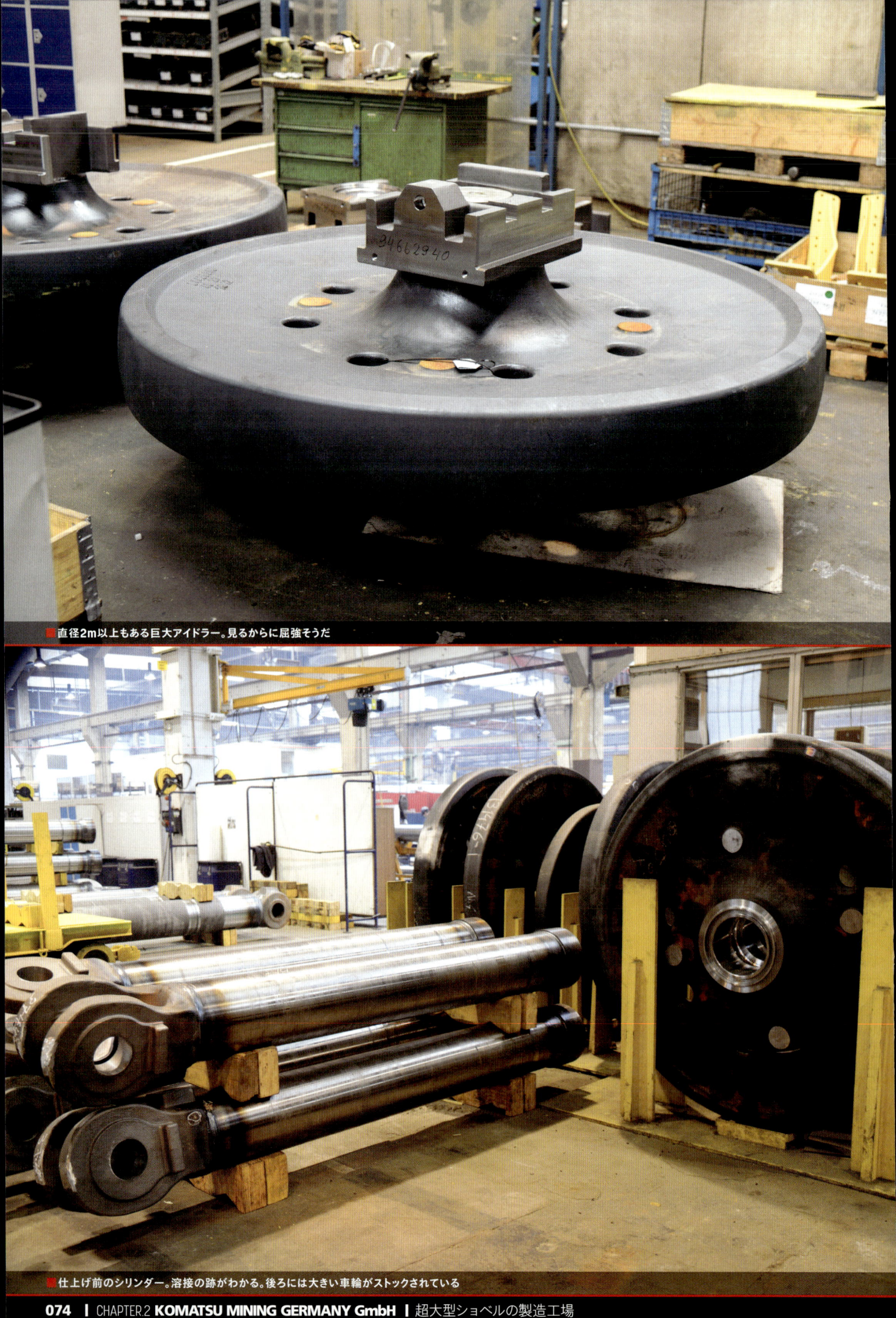

■表面の仕上げを待つ油圧シリンダーの頭部分

■床に並べられたパーツの一つ一つが大きくて、巨人の国に来たかのよう。いろいろな工作機械が並んでいる

■クローラを回転させるスプロケット。突起部分がクローラと噛み合わさって回転、走行する

■砂型鋳物で作られるクローラシュー。重ねてストックされる

■PC8000のバケットの爪先。トゥースと呼ばれるが新品の時は平たく、幅広く、尖っている。摩耗して丸くなったら交換する

■クローラフレームと呼ばれる走行部分のフレーム。堅牢な作りで見るからに頑丈そうだ

■PC8000用駆動装置。2つ生えた角のようなものは油圧モータ。下の黒い部分にギアが入っている

■油圧シリンダーの本体側取り付け部分。ピンが入る部分には砲金のブッシュが入れられている。頭部分はぶ厚い鉄板から削り出されたものだ

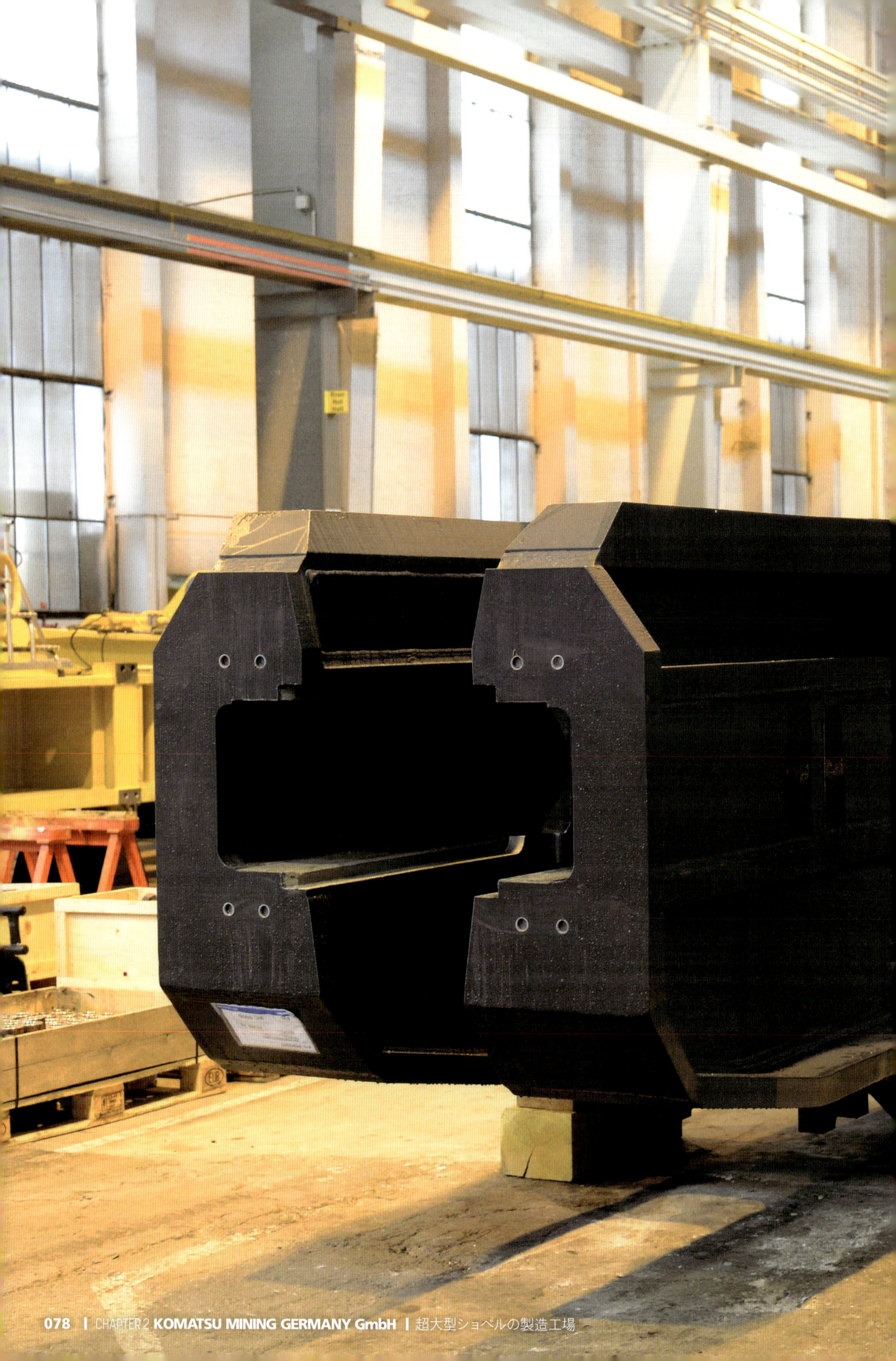

078 | CHAPTER 2 **KOMATSU MINING GERMANY GmbH** | 超大型ショベルの製造工場

■すべて分厚い鉄板で構成されている堅牢なつくりのクローラフレーム

080 | CHAPTER.2 **KOMATSU MINING GERMANY GmbH** | 超大型ショベルの製造工場

■車左右両側にクローラフレーム（P78-79）が取り付けられ強固な構造物となる。手前2本はドライブシャフト

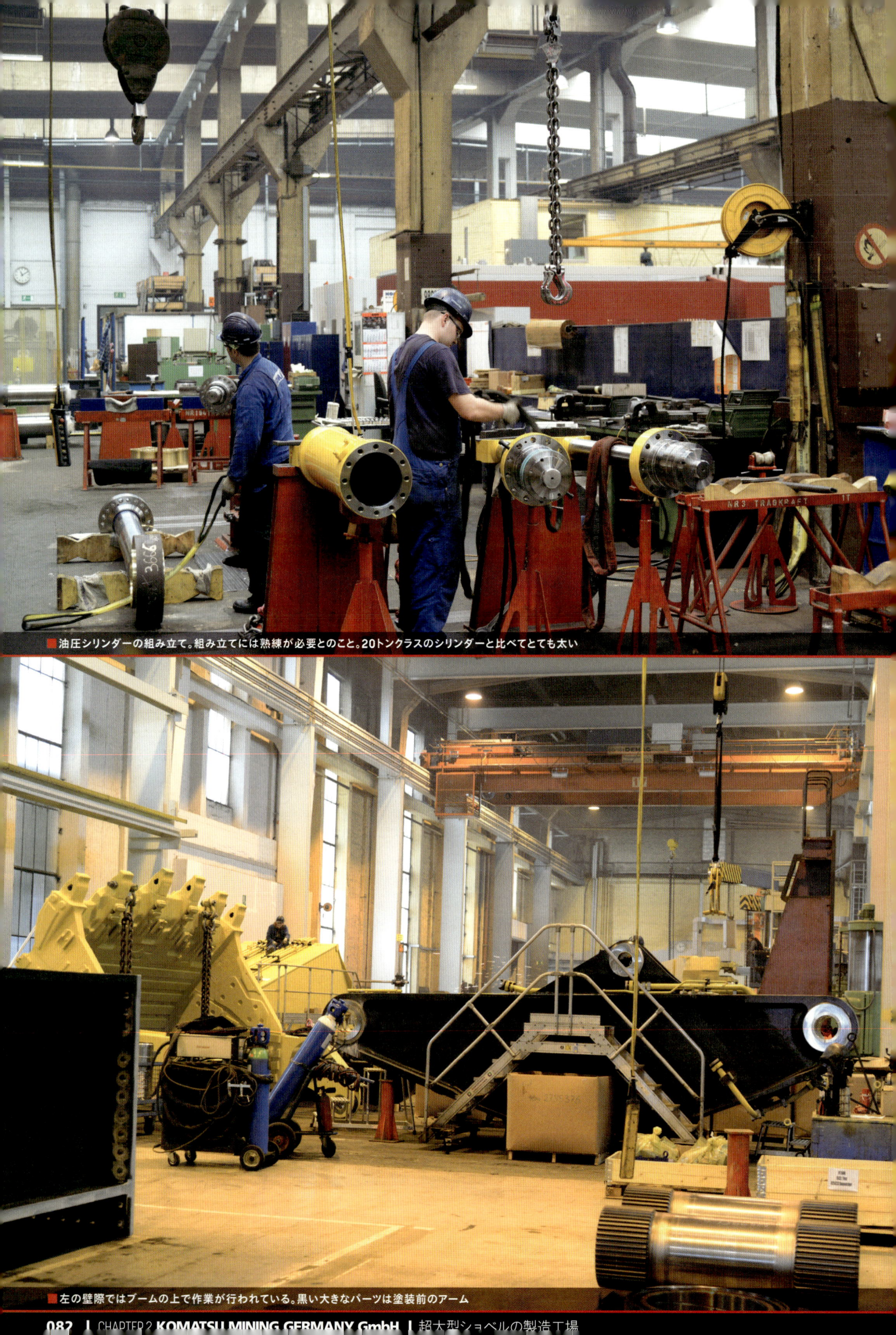

■油圧シリンダーの組み立て。組み立てには熟練が必要とのこと。20トンクラスのシリンダーと比べてとても太い

■左の壁際ではブームの上で作業が行われている。黒い大きなパーツは塗装前のアーム

082 | CHAPTER 2 **KOMATSU MINING GERMANY GmbH** | 超大型ショベルの製造工場

■真ん中にある大きなパーツは上部旋回体のブーム取り付け部分。ブームとの取り付けピンが入る穴は、人の胴体くらいの太さがある

■ディーゼルエンジン仕様には4,020馬力のコマツ製SDA16V160E-2型が2基搭載される

■車体の回りに移動式防音壁がセットされエンジンテストが行われる。屋外でも相当な騒音だが、室内ではヘッドホンが欲しくなるほど

■ブルーのパーツは油圧コントロールブロック。油を油圧シリンダー、油圧モータに配分するものだ

■PC8000は、まるで家のような大きさ。一見したのでは何の装置なのかわからないほどの大きなボックスが並び、配線、配管が這い回っている

■PC8000の上部旋回体。室内でエンジンテストの準備中。煙突のような太いパイプは、排気ガスを屋外に排出するためのもの。右側のグレイの壁は騒音対策の移動式防音壁だ

■クローラ連結作業。テーブルの上に並べてピンを差し込み繋げていく

■オペレータキャビン。サイドウィンドウに付けられたサッシは日よけだ。すべてが大きいので、このようにブロックごとに分けて運搬され現地で組み立てが行われる

■PC8000用バケットの完成品。高さは4m以上。見るからに頑丈そうだ。出荷時にはキレイに塗装も施されているが、働き始めたら数時間で塗装は剥げ落ちてしまう

■ストックヤードに置かれた完成したパーツ。左からクローラフレームとフロントショベルのブーム

■出荷を待つPC8000のバケット下側。荷台幅3mのトレーラからはみ出ている

社長のDr.Ing Norbert H.H.Walther（ノルベルト ヴァルター工学博士）。身長約2mの博士が小さく見えてしまうほど、PC8000のバケットは巨大である。爪先の太さにも注目

Column.2

KMG
Komatsu Mining Germany GmbH
の撮影ウラ話

　この工場の存在を知ったのはもう何年も前になる。お隣のGOTTWALDを訪問した帰りがけ、塀に囲まれたレンガ作りの高い建物が目に入り、正面ゲートを通過する際にKOMATSUのロゴを発見。後日、元デマグの工場であり超大型ショベルを製造していると知り、いつか見学したいと思っていた。コマツで一番ポピュラーなショベルPC200は自重約20トン、一方、PC8000は自重752トンだ。PC200をそのまま38倍すればいいのではと素人の頭が働くが、実機は似て非なるものだった。"地球を掘る"という感覚がなければ巨大な重機は作れないだろうと実感。ランチを共にしていただいた社長のDr.Walther氏は、とても気さくで朗らかな方だったが、大きな体格から博士号の称号を持つだけの風格がにじみ出ていた。

　ドイツ人はメカ好きが多いようだ。子どもの頃からメカ的なものに親しむ機会に恵まれているのだろう。デュッセルドルフの隣街、ドルトムントで毎年開催される模型のイベント"INTERMODELLBAU"（写真 4 5 6 はINTERMODELLBAU会場にて）は規模、内容とも半端ない。広いメッセ会場を8ホールも使い、陸海空、乗り物の模型なら何でも揃う。模型クラブや模型店、模型メーカーのブースだけではなく、素晴らしいジオラマの中で電車や車、建機が動き、プールでは船が走る。それらを作るための工作機械まで売っているのだ。大人たちが楽しそうに遊んでいる姿を、子どもたちが見逃すわけがない。何かを作り楽しむ経験を通して「考える」ことが、子どもの頃から自然と身に付くのではないだろうか。これも、ドイツの物作りの強さの秘密のひとつかもしれない。

1 工場内に展示してある往年の名機1956年型Demag B504ショベル　2 お隣のGottwald Port Technology（現在はTerex）の港湾用クレーン　3 ユーザー様カラーのエレクトリックPC8000 1:50スケールモデル　4 1:8スケール、重さ400キロものモデルまで作ってしまうのだ　5 会場では本格的な工作機械も展示販売している。大人のホビーだ　6 こんな大きなジオラマを作って遊んでいます。山あり谷あり街灯まで

090 | CHAPTER.2 KOMATSU MINING GERMANY GmbH | 超大型ショベルの製造工場

CHAPTER 3 | **FERROPOLIS**
［フェロポリス］
モンスター掘削機が眠る聖地

FERROPOLIS
フェロポリス

SFやジブリのアニメに出てきそうな
錆びついた5基の巨大重機が息をひそめるオープンミュージアムは、
重機好きなら一度は訪れてみたい聖地のような場所。

■SFチックな巨大重機野外ミュージアム

ドイツというと機械工業がすぐに浮かぶ。フェロポリスは、それを象徴するような巨大な5基の機械を展示したオープンミュージアム。場所はベルリンから南西へ約100キロの旧東ドイツの街グレーフェンハイニヒェン。展示されている機械で一番古い機種は、1940年代に石炭の露天掘りで活躍したもの。愛称は『Mosquito（モスキート）』。まるでSFやジブリのアニメに登場しそうなユニークなデザインでどこか愛嬌がある。

どの機械もその大きさに圧倒されるが、じっくり観察すると、無骨さの中にもドイツ流の合理性が盛り込まれているのが見てとれる。変なレストアがされておらず錆びたままだが、それがまた遠い昔にタイムスリップさせてくれる。

■「鉄の町」をテーマに設立

ここはもともと世界第一の採掘量を誇る褐炭（石炭化度の低い低品位の石炭）採掘のメッカだったが、電気へのエネルギー転換の影響で鉱業は衰退。フェロポリスのアイデアは、地域再生プロジェクトとして1991年、Induus Gartenreich（工業の庭）という、バウハウスデッサウ財団のワークショップから生まれ、1995年に「鉄の町」をテーマに設立された。褐炭の採掘現場には水が湛えられ、自然が豊かな野外ミュージアムに生まれ変わったのである。

P92-93写真提供：LMBV,Germany

Golpa-Nordの露天掘りで作業中のバケットホィールエキスカベータ。機械の左側先端で切削し、ベルトコンベアで右側の貨物列車まで運び載せている。現在も、これとほぼ同じ方法で採掘がされている

1916年にGolpaで撮影されたかなり古い写真。なんと、蒸気で動くショベルだ。もちろん、ショベルのアームやバケットは油圧式でなく、ワイヤ操作で動かした。ショベルの後ろには貨車が積み込みを待っている

レール4軌道分の幅を取っているメデューサと右外の軌道には貨車が積み込みを待っている。ここでの採掘がほぼ終了する1997年、Gopla-Nordで撮影された貴重な写真である

1941年型のモスキート。正式名は320 Rs560、1022-A2s 2240。先端の操りバケットが持ち上がっているのがわかる。遥か向こうにはジェミニの姿が見える。撮影場所はGolpa Nordの露天掘り鉱山

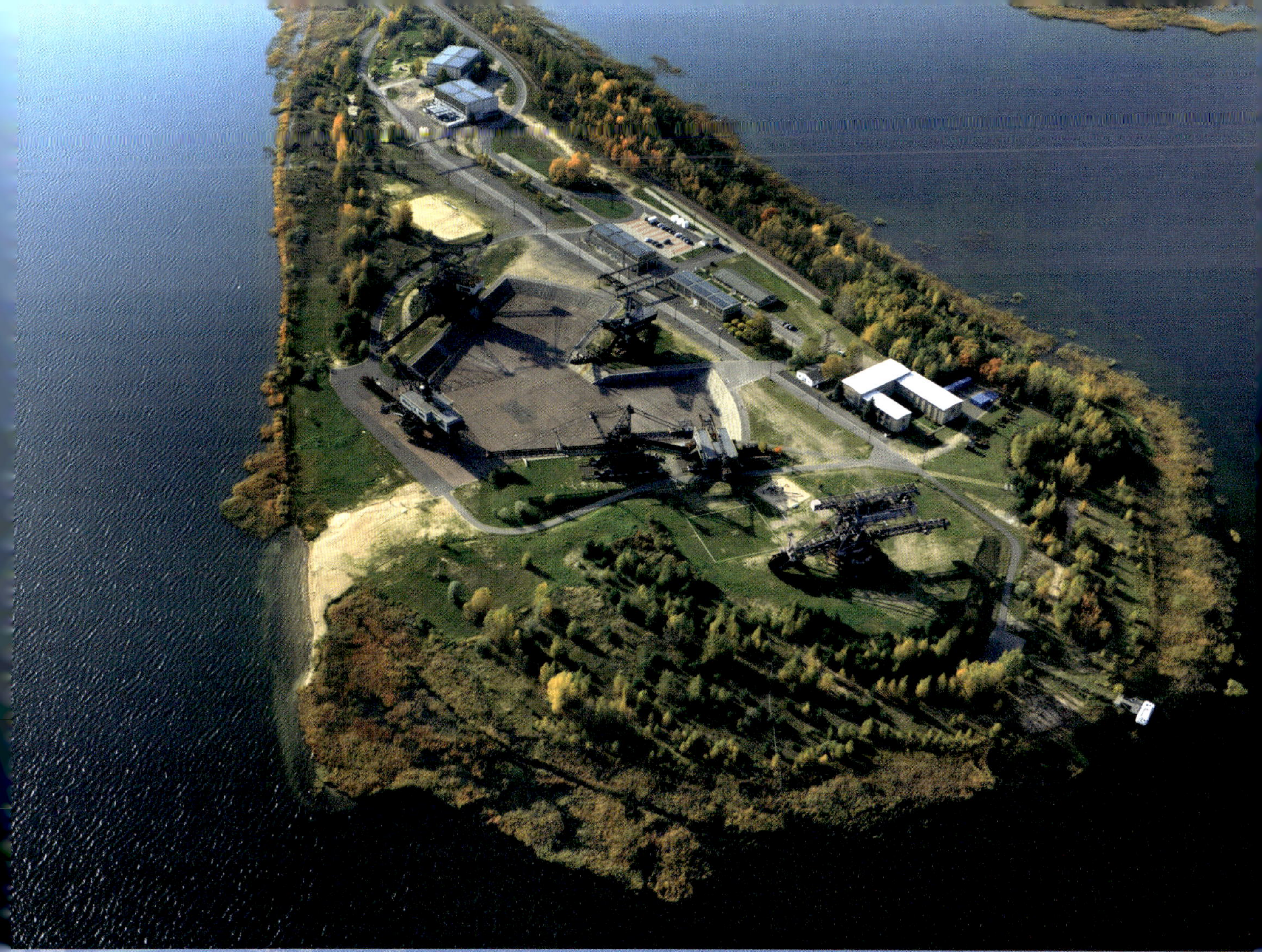
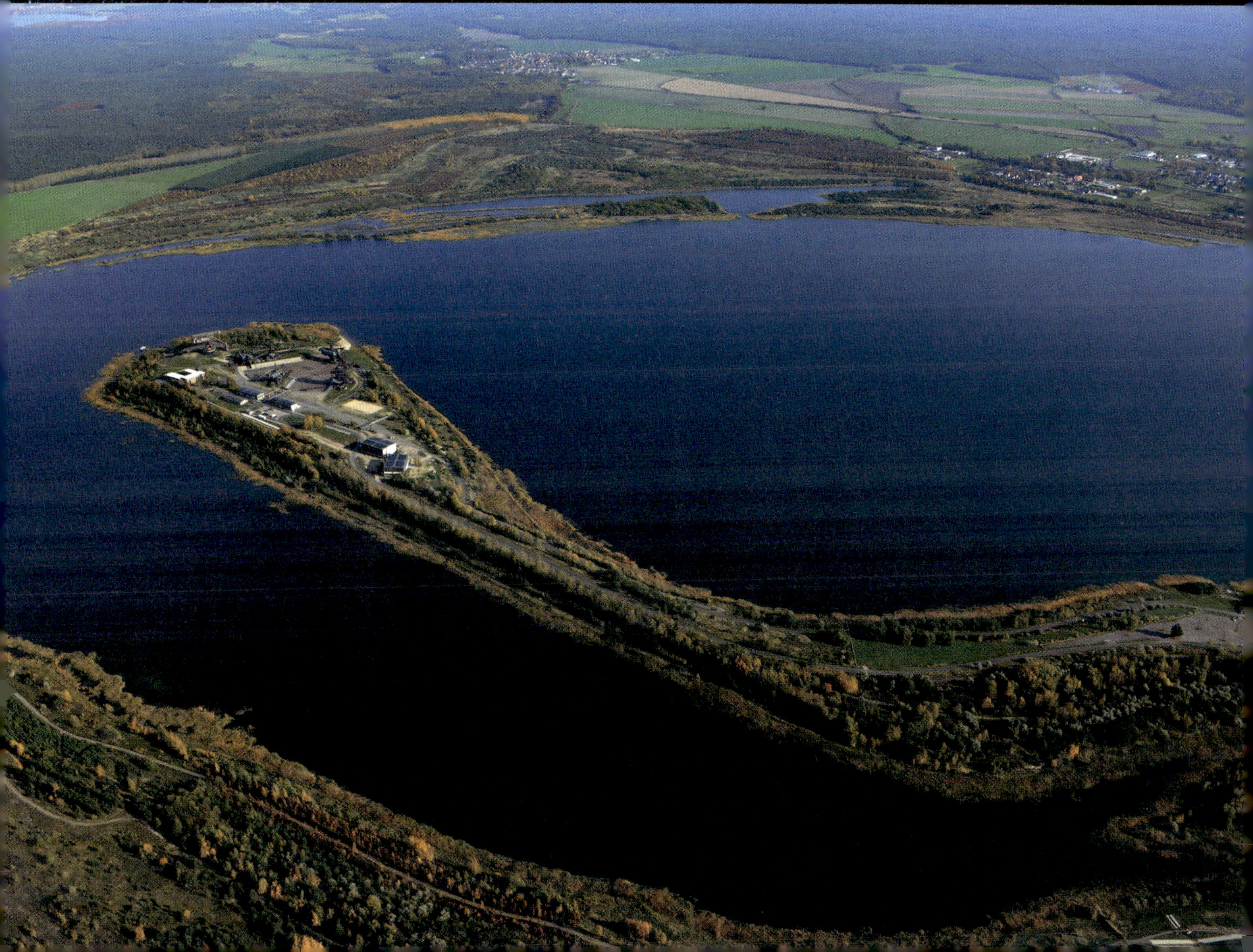

Mosquito
[197 ERs 400｜モスキート]

BAUJAHR 製造年　　1941年
GEWICHT 重さ　　　792トン
HERSTELLER 製造会社　Maschinenfabrik Buckau
HÖHE/LÄNGE 全高/全長　27.2/67.1m
BESATZUNG オペレーションする人数　3-5人
EINSATZORTE どこで使われていたか　TBe Muldenstein, GolpaNord, Grobern

一体なにをする機械なのだろうかと考えても想像できない、そのユニークな形が目を引く。展示された5基のうちで最も古く、太平洋戦争が始まった1941年の製造だ。弧を描いた部分は上から何本ものワイヤで吊られ、ワイヤの出し入れで先端部分の位置を上下移動して切削面に合わせた。50個以上のバケットがチェーン状に連結されグルグルと回転しながら、先端で土を削り、土を入れたまま車体中心部へ移動。中心部で別のベルトコンベアに載せ替える。8基のクローラで移動が出来、車体は旋回可能、リヤのベルトコンベアは独立して旋回できた。この機械が動いているところは、かっこよさを超え、滑稽だったかもしれない。

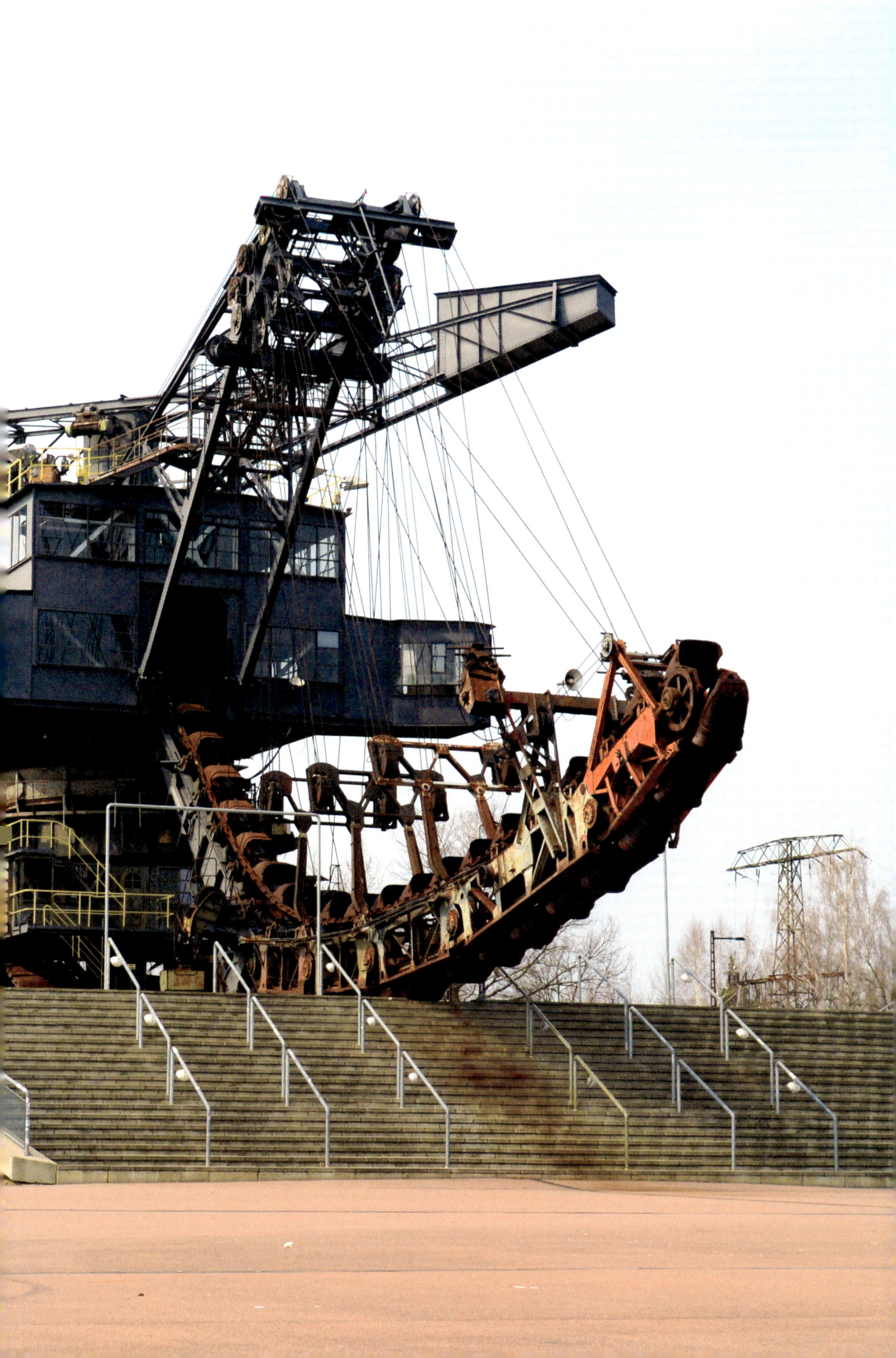

Gemini
[1022 A2s 2240｜ジェミニ]

BAUJAHR 製造年		1958年
GEWICHT 重さ		1980トン
HERSTELLER 製造会社		VEB Förderanlagen Köthen
HÖHE/LÄNGE 全高/全長		30/125m
LÄNGE AUSLEGER 全幅		60m
BESATZUNG オペレーションする人数		6-8人
EINSATZORTE どこで使われていたか		Tagebau Muldenstein, Tagebau Golpa-Nord

双子座を意味する名前のとおり、切削と排出の2台の機械を掛け合わせたような形が特徴的。5基の中で一番全長が長く、新幹線の約5両分もある。車体のフレームや台車のデザイン、サイズ感は戦時中にクルップが製造した、口径80cm巨大列車砲グスタフ・ドーラを彷彿とさせる。軌道上を移動しながら車体横のチェーン状に連結したバケットを回転させ切削し、土は長いベルトコンベアで送り別な場所へ落としていく。操作には6-8人もの人数が必要だった。Geminiのみ、実際に登って見学できるのが、迫力を体感できてうれしい。

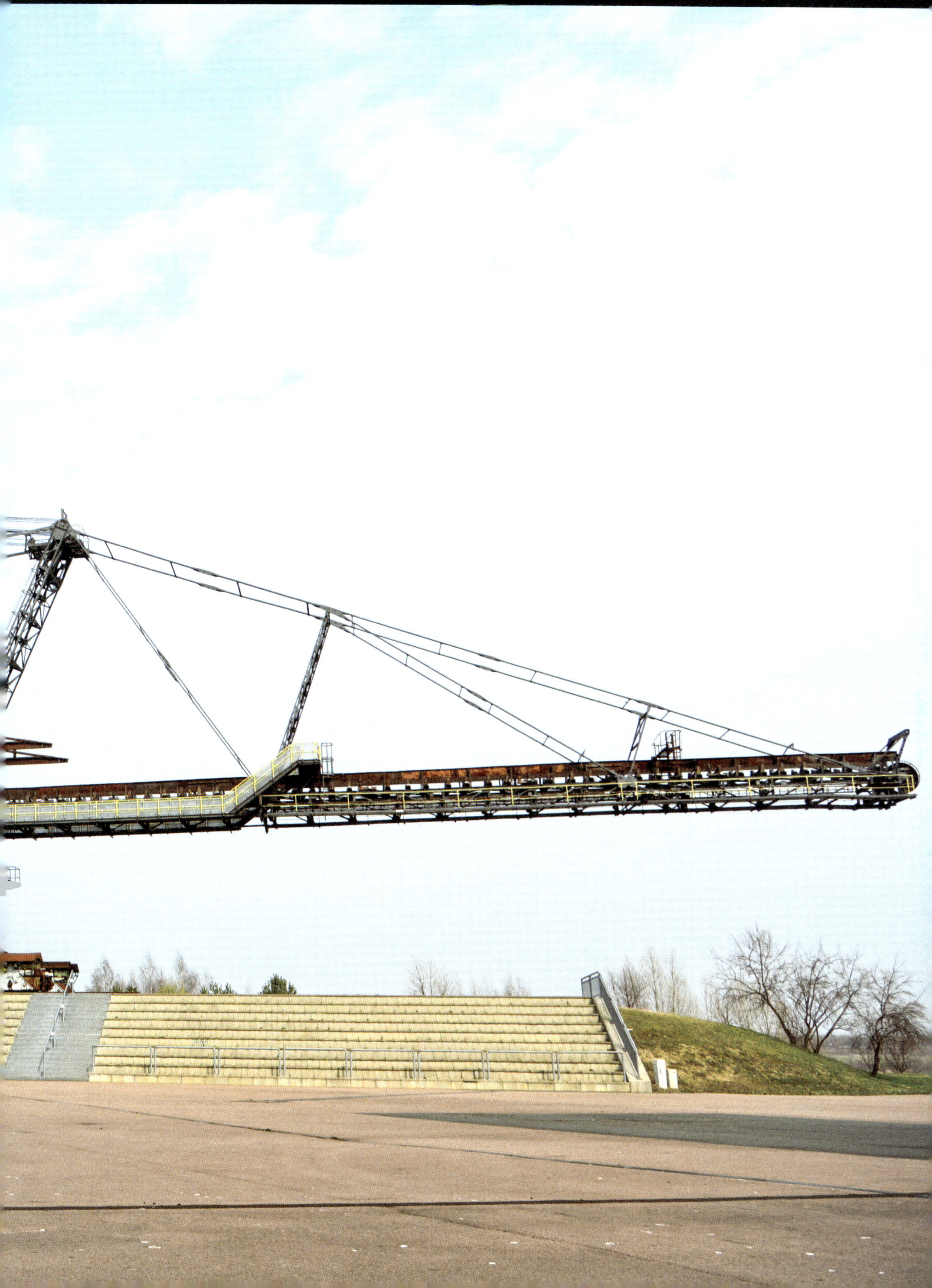

Medusa

[1025 As 1120｜メデューサ]

BAUJAHR 製造年	1959 年
GEWICHT 重さ	1200 トン
HERSTELLER 製造会社	VEB FörderanLAGEN Köthen
HÖHE/BREITE 全高／全長	36/102m
LÄNGE AUSLEGER 全幅	61m
BESATZUNG オペレーションする人数	5-7 人
EINSATZORTE どこで使われていたか	Tagebau Muldenstein,Tagebau Golpa-Nord

　車体横のチェーン状に連結されたバケットで切削し、ブームに装備されたベルトコンベアで土を送り出していく。車体は軌道上を移動できるよう、たくさんのモータ付き台車の上に乗っており、建て増ししたような形で操作室がいくつもある。その外観から、ギリシア神話に出てくる髪の毛一本一本が蛇という女性の怪物Medusaの名が付けられたのかもしれない。

　操作は5～7人で行われていたようで、写真左側の斜め上に伸びたブームの先には車体のバランスをとるためのウェイトが付く。一番高くそびえ立っているのは修理用クレーン。切削する作業機の割には車体がかなり大きい印象だ。

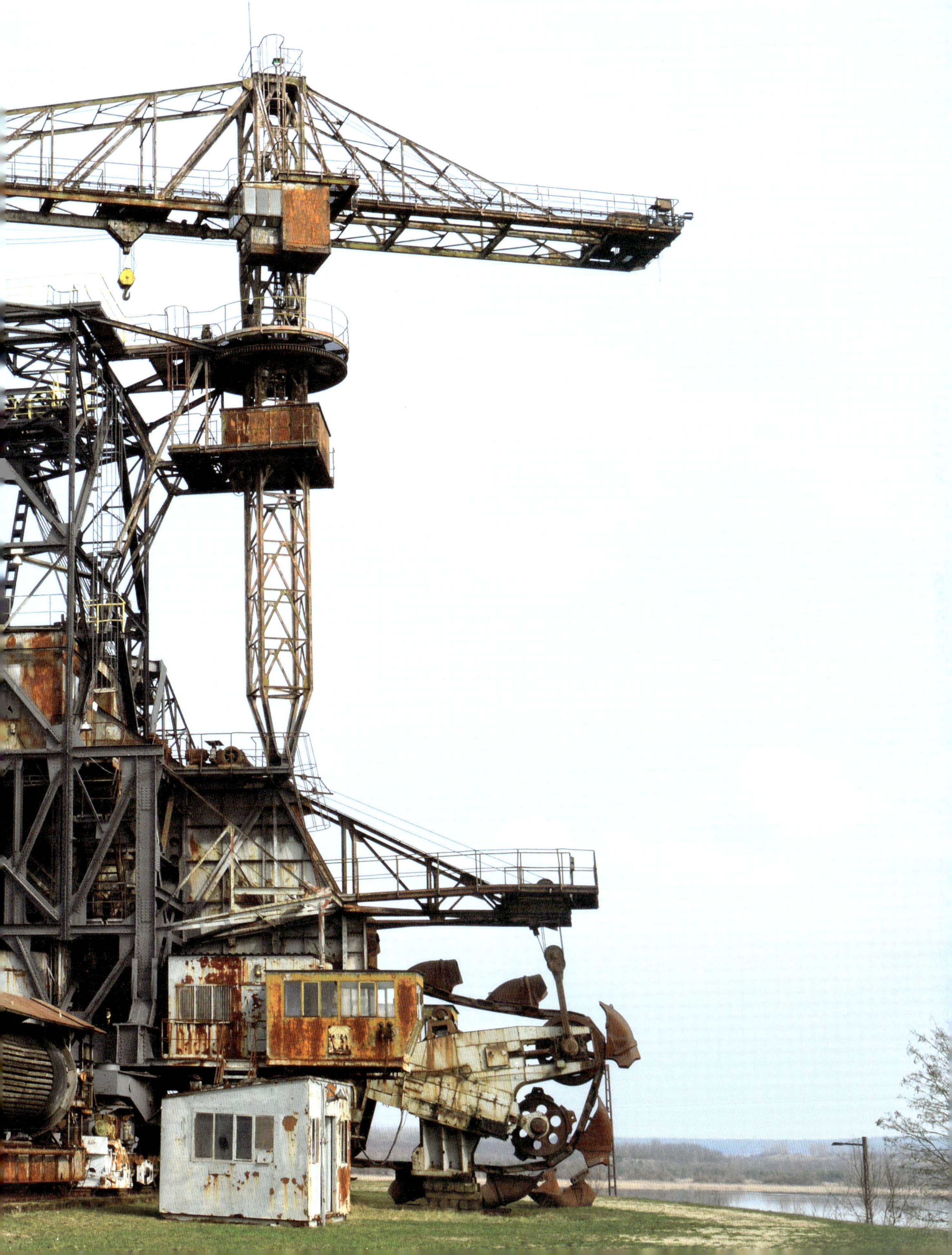

Mad Max
[651 Es 1120 ｜マッドマックス]

BAUJAHR 製造年	1962年
GEWICHT 重さ	1250トン
HERSTELLER 製造会社	VEB Förderanlagen Köthen
HÖHE/LÄNGE 全高/全長	27.6/79.2m
BESATZUNG オペレーションする人数	3-5人
EINSATZORTE どこで使われていたか	Tagebau Schlabendorf-Süd, Tagebau Golpa-Nord

チェーン状に連結した40個のバケットを連続して送りながら土を切削した。1時間あたり1920㎥の土を採ることができたというから驚き。機械の先端ブームは、上からワイヤで吊られワイヤの操作で上下して切削面に合わせることができ、土砂は車体中央部下側から排出して貨車に積み込みをした。

車体を支えている左右の脚は貨車の通る軌道をまたぐように設計されており、外側の軌道を移動しながら作業をする。窓ガラスが並んだ建物のような操作室の後方には、車体のバランスを取るためのウェイトが装備されている。ドイツ流の合理的な発想から生まれたのだろう。

100 | CHAPTER.3 **FERROPOLIS** | モンスター掘削機が眠る聖地

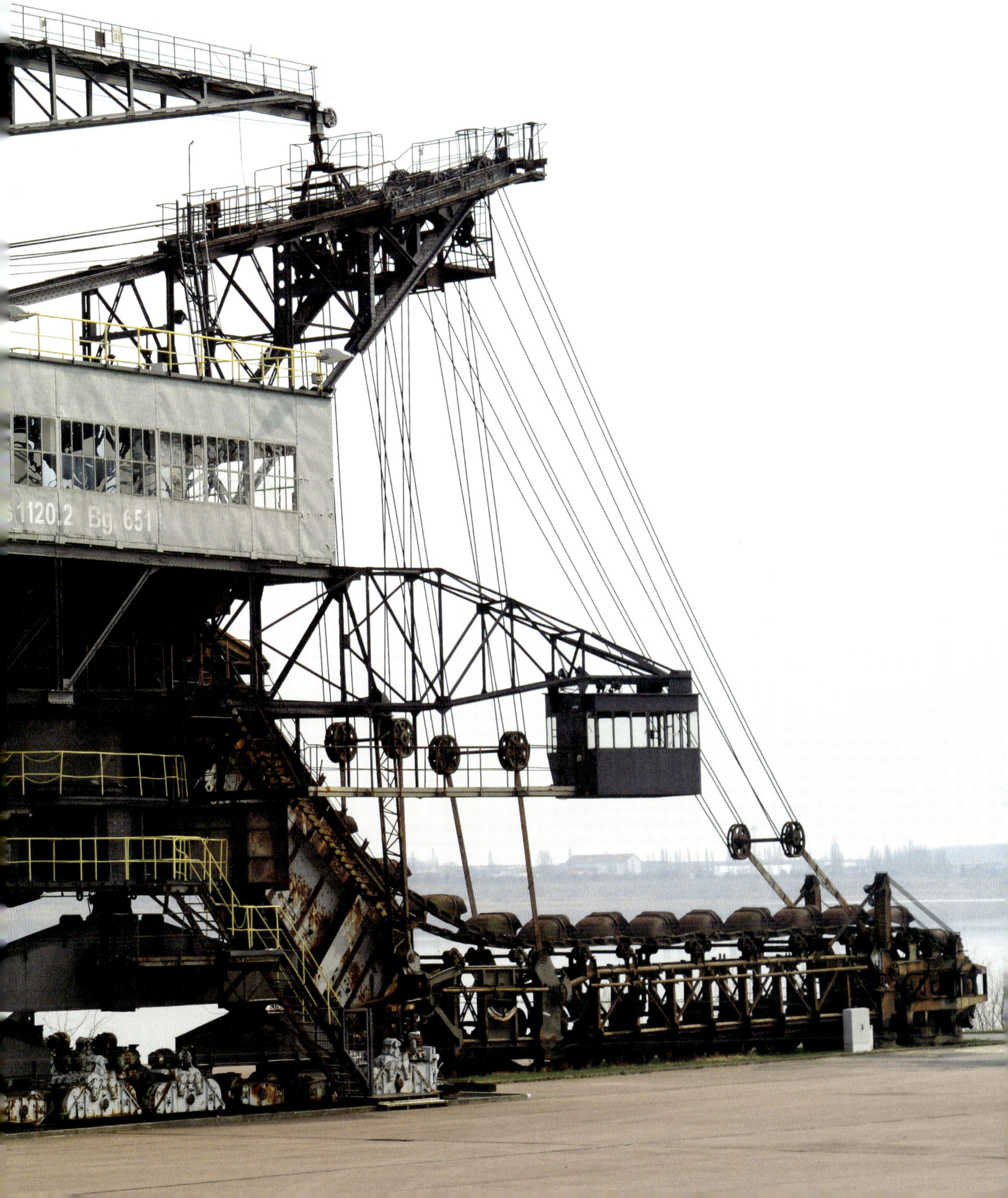
1120.2 Bg. 651

102 | CHAPTER 3 **FERROPOLIS** | モンスター掘削機が眠る聖地

Big Wheel
「1521 SRs 1300 | ビッグホイール」

BAUJAHR 製造年	1984 年
GEWICHT 重さ	1,718 トン
HERSTELLER 製造会社	TAKRAF Launchhammer
HÖHE/LÄNGE 全高/全長	31/74.5m
BESATZUNG オペレーションする人数	3-5 人
EINSATZORTE どこで使われていたか	TBe Goitzschhe, Tagebau Golpa-Nord, Gröbern

機械先端に観覧車のように回転する直径8.4mの大きなホィールを装備。ホィールには14個の大きなバケットが付いており、回転しながら土砂をすくい車体後方へとベルトコンベアで送っていく。この方式を継承したタイプが現在でもドイツで活躍しており、現在もホィール式を使っているということは、おそらく一番作業効率が良いのだと思われる。

運転席は切削現場に近い低い位置にあり、高さ31mと腰高な構造だからか、高い位置にもウェイトを付けて車体のバランスをとっている。クローラで走行するため、巨大ながら現場での移動が自由にできた。

Mad Max [651 Es 1120]
■バケットは中世の甲冑のようなデザインで頑丈そうだ。このバケットが何十個もチェーンのように連結されている

Medusa [1025 As 1120]
■かなりの容量をすくえる大型のバケットがいくつもつながっている。その両脇には操作室が見える。古い機械なのにSF的な未来世界に出てきそうな雰囲気がたまらない

Mosquito [197 ERs 400]
■バケットをチェーン状に連結し回転させて切削、上方からワイヤで吊るし切削面の形状に追従させた模様。操り人形のように動かすことができたのだろうか

Big Wheel [1521 SRs 1300]

■ Big Wheelの先端、ホィール部分だ。直径は身長168cmの人の約5倍、8.4m。観覧車の座席の代わりにバケットが付いている感じだ。本体のモータからチェーン駆動で回転させる。バケットは底の部分は鎖で網状になっていて、先端の両端は切削しやすいような尖った形状

Mosquito [197 ERs 400]

■自重約800トンを支え走行するために8基のクローラユニットが必要だった。無数のリベットで組まれた車体が、味わい深い古めかしさ。鉄の固まりではないかと思うほど無骨で堅牢な構造がいかにもドイツ流

Mad Max ［651 Es 1120］

■ 小さなプラント工場のように大きく、とても走るようには見えないが軌道を走行しながら切削作業を行った。ずらっと並んだ台車と車体を支える脚にも注目だ

Gemini ［1022 A2s 2240］

■ 1980トンという超重量級ゆえ何基もの動力付き台車が用意された。車体は橋桁のような構造で見るからに頑丈そうだが、旋回時にはかなり軋んだに違いない

Column.3

FERROPOLIS
の撮影ウラ話

　当初、フェロポリス訪問はミュンヘンで開催されたBauma建設機械展のついでにという気持ちだった。滞在していたホテルから600キロ以上も離れていたが、レンタカーで早朝出発の日帰り強行軍。さすがアウトバーン、平均速度100キロで現地まで飛ばせた。それでも滞在時間は3時間ほど。幸い日が長かったので、撮影も難なくこなせた。最新型をたっぷり見た後だったので、錆びた機械がなんとも新鮮。平日の午後のせいか、ほぼ貸し切り状態。興奮気味の奇妙な日本人が、写真撮りまくりの楽しい数時間となった。

頑丈な石でできた家は、ヨーロッパらしい趣きがある。あえて新しい建物に建て替えないセンスが素晴らしい

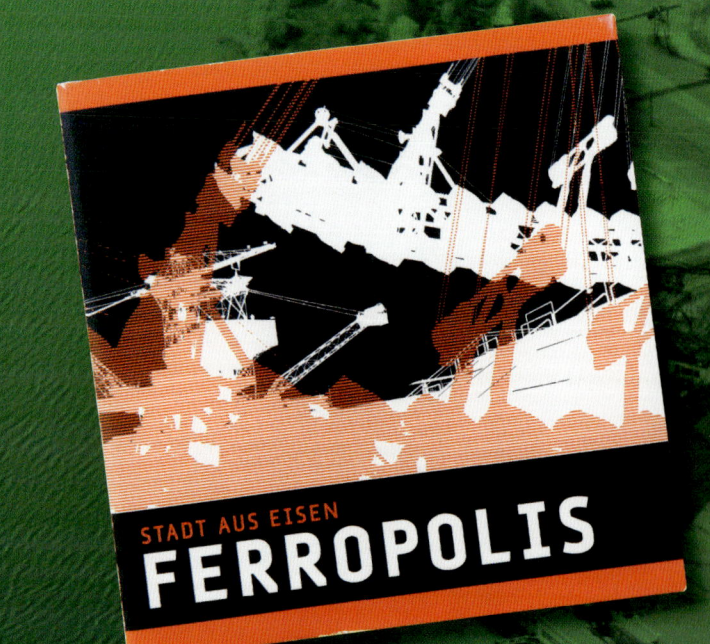

　撮影後は、野外ミュージアムフェロポリスの中にあるレストランオランジェリーで腹ごしらえ。古いレンガ造りの建物が、当時の雰囲気を演出している。ドイツ人なら懐かしさを感じるのかもしれない。そこへ、ウエイターのお兄さんが持ってきたのが、写真下の本。厚い紙にリング綴じ、重機の写真がふんだんに使われ、まるで写真集だ。が、見出しをよく読むとなんとメニュー。サラダ、おなじみのソーセージ、パスタ、デザート、ドイツビア他アルコール類、ソフトドリンクと豊富なメニューが並び、あまりのかっこよさに一目ぼれ。売り物ではないのに、メニュー自体を売ってもらったのだった。

パスタ リングイネ 8.90EUROを注文。観光地なので味は期待してなかったのだが良い意味で裏切られ、とても美味しかった

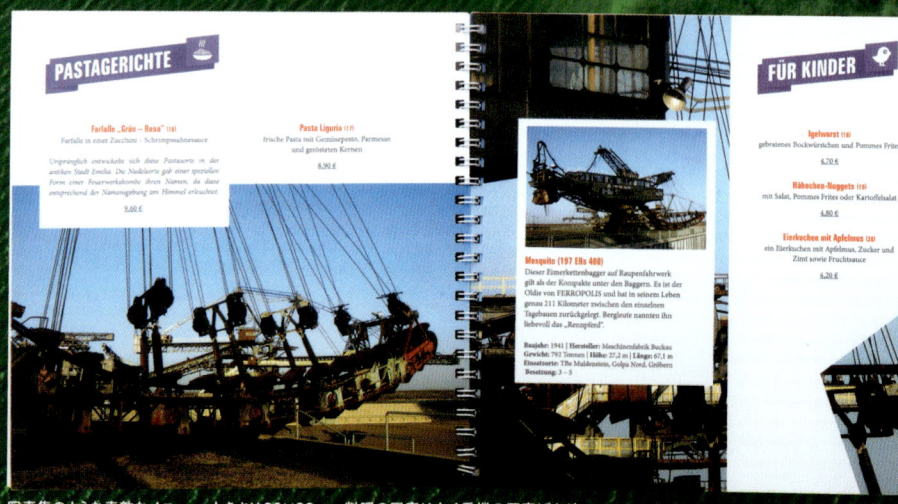

写真集のような素敵なメニュー。大きさは20×20cm。料理の写真はなく重機の写真ばかり。本来は非売品

108 | CHAPTER.3 **FERROPOLIS** | モンスター掘削機が眠る聖地

閉店していたスーベニアショップを、無理言って開けていただき感謝。Tシャツ、ペーパークラフト、全長40cmほどのアルミ製のミニチュアを購入。重機の写真集的なものは売られておらず残念

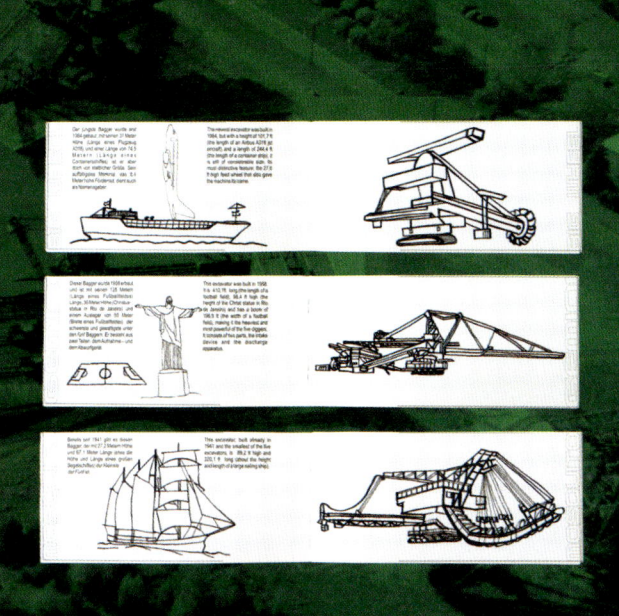

フェロポリスの入場料は大人4ユーロ。6歳以下の子どもは無料となっている。閉館日はなくレストランも毎日営業しており、暖かい時期はビアガーデンでビールとソーセージが味わえる。広い園内には子どもが遊べる砂場にショベルを模した遊具があり、子連れは違う楽しみ方もできそう。1987年には120,000年前のアフリカン フォレスト エレファントの骨が発見され、型取りしたものが展示されている。この非日常的なロケーションに屋外特設ステージが作られ、ロックやオペラの音楽祭が何回も開催されている。過去に出演した特にメジャーどころのアーティストでは、Bjork（ビョーク）やMETALLICA（メタリカ）など。2012年夏に開催された『MELT! FESTIVAL'12』には約2万人もの観客が集いオールナイトで盛り上がった。

巨大重機 SPOT GUIDE

CHAPTER.1〜3以外で訪れた、巨大重機の魅力を楽しめるおすすめ海外スポットを紹介。
日本では味わえない骨太な雰囲気が魅力的な場所ばかりだ。

🌐 TEREX TITAN 33-19 350TON MINING TRUCK
テレックス タイタン 33-19 350トン積 マイニング ダンプ

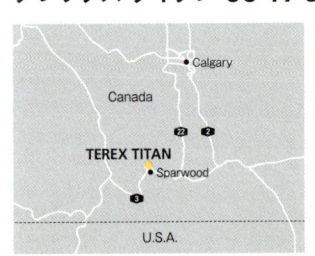

Titan Park,Sparwood
141 Aspen Drive Sparwood,
British Columbia,
Canada

ゼネラルモータースのテレックス部門で1973年にプロトタイプとして製作、74年にお披露目、75年からカリフォルニアにあるカイザースチール、イーグルマウンテンのアイアンマインに納車された。一台のみ製造されスパーウッドの鉱山等で活躍、1991年にリタイヤした。現在は鉱山の街、スパーウッドのアイコンとしてレストアされ展示されている。全長20.35m、全幅7.8m、全高6.88m、荷台内側の長さ11.24m、幅7.16m。最大積載量350トン。V16、169,490cc、3,300馬力のエンジンで発電。リヤ4個のホィールにモータを搭載して走行した。

🌐 Kennecott Utah Copper's Bingham Canyon Mine
ケネコット ユタ カッパーズ ビンハム キャニオン マイン

12800 South State Route 111,
Bingham Canyon, UT,U.S.A.

ソルトレイクシティから約40キロ。操業は1906年で100年以上も採掘している古い鉱山。アメリカの歴史的な場所としても登録されている。銅の露天掘りで、約1,800人が働き、自重1,000トンクラスの電気ショベルや超大型380トン積みダンプが働いている。すり鉢状に掘り進んだ深さは現在なんと約4.4キロ。空から見た直径で約5キロと広大な面積である。鉱山の中に入ることはできないが、ビジターセンターがあり展望台から採掘の様子を見ることができる。気候の関係で4月1日から10月31日までの営業、この間、定休日はない。営業時間は8:00〜20:00。

🌐 BIG MUSKIE'S BUCKET
ビッグ マスキーズ バケット

Miners Memorial Park
State Route 78,McONNELSVILLE,Ohio U.S.A.

クリーブランドから約2時間半のドライブ。突然巨大なバケットが現れる。"Big Muskie/ビッグマスキー"は自重約12,000トンの世界最大の電気式ドラグラインショベル。ビサイラス-エリー4250-Wが型式名で全長約149m、高さ約68m、ブームの長さ約94m、バケット容量170㎥/325トンを誇った。操作には7人のクルーが必要とされた。オハイオ州のセントラルオハイオコールの鉱山で1969年から1991年まで活躍し、引退後に解体されたがバケットだけモニュメントとして展示している。大きな公園だが売店等はなく、あるのは洗面所だ。

110 | 巨大重機 SPOTGUIDE

髙石賢一×石井 哲 [撮影後記的な対談]

[重機専門模型店　KEN KRAFT代表]　　[写真家]

■鉱山とコンビナートにおけるスケールの違い

髙石（以下：髙）：石井さんは、海外や国内の工場写真をたくさん撮られているけど、鉱山は僕と同じで初めてでしたよね。第一印象はどうでした？

石井（以下：石）：とにかく、鉱山自体もそこで働いている機械も、目にするもの全てが巨大で圧倒されました。壮大な採掘現場には普段身近にあるような比較対象物がほとんど存在しませんから、街中では絶対にお目にかかれないほど桁違いに大きい重機さえ実際より小さく見えたりと、段々と自分の感覚が麻痺してくるのも面白かったです。普段よく撮影しながら回っているコンビナートも、立ち並ぶプラント沿いにすぐ見える所まで歩くつもりが軽く数kmは離れていたなんていうことも多いのですが、重機以外にはほとんど何も存在しない採掘場という空間も、それとはまた違う非日常的なスケール感がありましたね。今、自宅の隣でマンション建設中なのですが、そこで目にする重機達も十分な大きさがあるのに、カナダで出会ったものと比べると何十分の一なんだなと感慨深いです。

髙：山を縦割りにしたような姿や隆起した地層を日本では見たことなかったから、面白かった。表土をまず削らないと何も出てこないから、巨大重機が当たり前の世界でしたね。カッパーマウンテンが空港から300キロも離れていて、4時間かかったのも、日本とは違って大陸だなあと感慨深かった。

石：日本を出発するときから、当日の予報は「雨」でした。取材への影響が心配でしたよね。でも、山の天気が変わりやすいことが逆に幸いし、撮影ギリギリのところで晴れ間が見えてきたのはツイていました。

髙：僕、晴れ男だからね（笑）。撮影は絶対晴れるんです。

■まるで機械仕掛けの恐竜

髙：そうそう。今回は、動画も撮影したんですけどね、重機の音はどうでしたか？

石：重機による作業は工程がそのまま目でわかるから、音がどこで鳴っているのか判断しづらい石油化学コンビナートとは違って、躍動感のある絵と合わさった臨場感あふれる音が録れますね。それに加えて、日が暮れると重機の照らす明かりだけになり、闇の中を淡々と蠢（うごめ）くそのストイックな情景に想像力が刺激され見入ってしまいました。

髙：機械仕仕掛けの恐竜みたいでしたね。彼らの仕事を想像すると、集中力がマストだよね。常に危険と隣り合わせだなあと。

石：あれだけ巨大なダンプが整然と並んで順番を待っている姿は少しユーモラスでしたけれど、次々と岩石が積まれていく工程には全く無駄がなく、特に夜の現場はエンジンの轟音すら粛々としたものに感じられました。

髙：僕が一番目に焼き付いて離れないのは、岩を満載したダンプが、黒煙を吐きながら坂を上ってきた姿ですね。総重量約500トン、タイヤが歪むほど重い塊が2,500馬力のエンジン、全開。V型16気筒のエンジンサウンド、しびれました。あと、想像もしていなかったのが、休憩中になにげなく触れたバケットの爪。思わず声を上げるほど熱かった。そのバケットにはたくさんの補強リブが追加されていて、ユーザーの声をちゃんと反映しているんだなと。ダンプの顔も面白かった。大きなライトだと思っていたのがエアクリーナーだったり。

■次はどんな重機が撮りたい？

髙：次行くところは、もうあたりをつけているんで、ご一緒しましょうよ。

石：いいですね。どこですか？

髙：テレックスダンプを見に行ったスパーウッド。ここも鉱山の街でさらに大きい石炭露天掘りをやっているそうです。通りがかりに立ち寄ったキャタピラー社のサービス工場でいろいろ聞いたら、現場では100トン級のブルドーザが60台、380トンダンプや1,000トンクラスのショベルがいるとか。途中、アメリカの農業機械メーカー、ジョンディアのディーラーも寄ったのですが、乗って仕事がしたくなるほどカッコイイですよ。

石：林業の重機もカッコイイですよね。カナダロケの時、若い女性のオペレーターが木を伐っている画像をiPhoneで見せてくれたんですけど、すごかった……！

髙：従事者は少ないけど、あんなかっこいい機械に乗れるなら……！　って気持ちになる人も出てくるんじゃないかな。いい写真撮れると思いますよ。

石：ぜひ、行きましょう。

石井 哲　いしい てつ

大阪府出身。学生の頃に何度と観たSF映画『ブレードランナー』で工場の魅力の虜となり、ドイツの写真家ベッヒャー夫妻の作品集『溶鉱炉』と出会って工場鑑賞を趣味と決める。著書に、東京書籍発行の大ヒット工場写真集『工場萌え』と『工場萌えF』等がある。

著者　**髙石 賢一**　たかいし けんいち

北海道出身。1996年にオープンした、重機のスケールモデルなどを数多く取り揃える東京都・神田の模型店KEN KRAFT(ケンクラフト)代表。物心がついた頃から車や重機の模型や物づくりの哲学に心惹かれ、やがては『はたらくクルマ』シリーズ(ネコ・パブリッシング)のスーパーバイザーを務めるまでに。また、重機同様に外国車にも造詣が深く、国内・海外にて取材・執筆・撮影を数多く行う。著書に『重機の世界』(東京書籍)。
http://www.kenkraft.net

取材・編集協力	**SMS EQUIPMENT** Mr.Jason McCleery [Mining Equipment Sales] **Copper Mountain Operating Company Ltd** Mr.Jay-D Atkinson [Pit Operations Equipment Trainer] **Komatsu Mining Germany GmbH** Dr.Ing Norbert H.H.Walther 山下善継 [General Manager Finance and Accounting] **Ferropolis** **LMBV, Germany**
資料翻訳協力	Stephan Wilms
写真提供	**LMBG, Germany**(P92-93)、吉丸泰生(P110中)
撮影	石井 哲 (P6〜P24,P28〜29,P35上,P36上,P37左上,P38,P39上,P46,P48上,P54〜56,P57上,P58下) 宗野 歩 (Column1, 3, SPOTGUIDEのアイテム) 髙石賢一 (上記以外)
動画撮影	石井 哲、髙石賢一
アートディレクション	大岡寛典 (大岡寛典事務所)
デザイン	内田 圭 (大岡寛典事務所)
地図制作	井上和美 (アセンダーズ)
校正	せきれい舎
編集	金井亜由美 (東京書籍)

巨大重機の世界
きょだい じゅうき せかい

2014年2月25日　第1刷発行

著者	髙石賢一
発行者	川畑慈範
発行所	東京書籍株式会社 〒114-8524 東京都北区堀船2-17-1 03-5390-7531(営業) 03-5390-7512(編集) http://www.tokyo-shoseki.co.jp
印刷・製本	図書印刷株式会社

Copyright©2014 by Kenichi Takaishi
All rights reserved. Printed in Japan
ISBN 978-4-487-80817-5 C0072

乱丁・落丁の場合はお取り換えいたします。
本体価格はカバーに表示してあります。
税込定価は売上カードに表示してあります。